石油高等院校特色规划教材

油田化学

曹晓春　闻守斌　逯春晶　张　栋　编著
孙金声　刘雨晴　主审

石油工业出版社

内 容 提 要

本书主要针对石油工程和化学工程与工艺等本科专业对油田化学知识的需求，结合物理化学、胶体与界面化学、表面活性剂化学、高分子化学及其他相关专业和学科的特点，着重介绍化学领域的基础知识在石油工程中的应用。本书分为五章，内容全书包括油田化学基础知识、钻井化学、固井化学、采油化学和提高采收率等。

本书可以作为石油高校石油工程和化学工程与工艺等专业的教材，也可以作为从事相关专业的研究人员和工程技术人员的参考书。

图书在版编目（CIP）数据

油田化学/曹晓春等编著.—北京：石油工业出版社，2021.12（2025.1重印）
石油高等院校特色规划教材
ISBN 978-7-5183-5042-1

Ⅰ.①油… Ⅱ.①曹… Ⅲ.①油田化学-高等学校-教材 Ⅳ.①TE31

中国版本图书馆CIP数据核字（2021）第243716号

出版发行：石油工业出版社
　　　　　（北京市朝阳区安定门外安华里2区1号楼　100011）
　　网　址：www.petropub.com
　　编辑部：（010）64523694
　　图书营销中心：（010）64523633
经　　销：全国新华书店
排　　版：三河市燕郊三山科普发展有限公司
印　　刷：北京中石油彩色印刷有限责任公司

2021年12月第1版　2025年1月第2次印刷
787毫米×1092毫米　开本：1/16　印张：9.25
字数：230千字

定价：29.00元
（如发现印装质量问题，我社图书营销中心负责调换）
版权所有，翻印必究

前言

　　石油与天然气是我国重要的能源和战略资源，从1959年大庆油田"松基三井"产油开始，我国的石油天然气行业就为新中国的经济建设和能源安全提供了坚实的保障。然而，根据《BP世界能源统计年鉴》的最新统计，我国石油和天然气对外依存度分别为73%和41%；2020年我国的一次能源需求增长2.1%，2021年我国后疫情时代的经济仍然持续向好，进一步刺激了能源需求，以至在全球碳排放总量的份额中占到30%以上。所以，我国目前正提倡绿色安全生产，加大对石油与天然气的勘察开发力度。

　　本书以新工科建设为背景，由基础化学的相关知识，引出石油与天然气勘探开发所面临的与化学有关的问题，并为这些问题提供了化学领域的解决方案。全书包括五章，第一章由逯春晶编写；第二章和第三章由曹晓春编写；第四章和第五章由闻守斌编写。为了满足学生的实验实践需求，本书附有油田化学方向的五个实验内容，由张栋编写。

　　本书是参编教师多年来从事油田化学教学和科研的经验总结，并参考了国内外大量的相关文献资料。我国石油高校开设油田化学相关专业比较早，教材较多，内容也很丰富。为了适应新形势下石油工程专业本科建设的新要求，根据有限的学时，精简了教学内容，略去了油气集输化学和采出水处理等部分。本书还参考了其他石油高校编写的相关教材，在此表示衷心的感谢。

　　由于作者水平有限，书中难免存在疏漏及不妥之处，敬请读者批评指正。

编著者

2021年8月

目录

第一章 油田化学基础知识 ... 1
- 第一节 胶体化学 ... 1
- 第二节 表面化学 ... 13
- 第三节 高分子化学 ... 36
- 习题 ... 40

第二章 钻井化学 ... 42
- 第一节 黏土胶体化学 ... 43
- 第二节 钻井液与完井液化学 ... 54
- 第三节 钻井液与完井液处理剂 ... 64
- 习题 ... 79

第三章 固井化学 ... 80
- 第一节 水泥与油井水泥 ... 80
- 第二节 油井水泥外加剂 ... 84
- 习题 ... 89

第四章 采油化学 ... 90
- 第一节 酸化液 ... 90
- 第二节 压裂液 ... 97
- 第三节 调剖与堵水 ... 104
- 第四节 油水井化学防砂 ... 112
- 第五节 防蜡与清蜡 ... 114
- 习题 ... 118

第五章 提高采收率 ... 120
- 第一节 聚合物驱 ... 121
- 第二节 表面活性剂驱 ... 124
- 第三节 碱驱 ... 129
- 第四节 复合驱 ... 130
- 第五节 混相驱 ... 133
- 习题 ... 134

附录 油田化学实验 ... 135

参考文献 ... 144

第一章 油田化学基础知识

油田化学（oilfield chemistry）是研究油气田钻井、完井、采油、注水、提高采收率及原油集输等过程中的化学问题的科学。油田化学研究的体系和过程十分复杂，绝大多数体系属于或涉及胶体分散体系。原油多为油与水的乳状液（尤其是当油田处于开发的中后期时），故研究多集中在界面，其中界面现象的研究是重点。油气藏岩石中存在大量微小孔隙，孔隙中储存有油、气和水，可以认为油气藏是巨大而且复杂的高度分散的体系，在油气井周围的井壁被认为是一种渗透膜，油气通过类似于致密膜的井壁而进入井筒内，井壁周围渗透率的大小，发生的任何物理化学现象，都会严重影响油气采收率。油气田开发涉及的钻井液、完井液、调剖堵水液、酸化液、压裂液及提高采收率的驱替液等油田化学的工作液无不与胶体体系有关，即胶体与界面化学、物理化学以及高分子化学等是油气田应用化学的理论基础。为提高油气采收率而使用的工艺措施，如注水、堵水、调剖、酸化、压裂、三次采油、防砂、清/防蜡和乳化降黏等方法，涉及一系列化学过程，需要使用大量的化学处理剂，其中起主要作用的助剂多为表面活性剂和高分子化合物。

油气田及油气井工程的化学处理中要用到大量的化学药剂，通常称为油田化学剂（oilfield chemicals），指在解决油气田钻井、完井、采油、注水、提高采收率及集输等过程中的化学问题时所使用的化学剂。多数起决定性影响的油田化学剂是表面活性剂和高分子化合物，因此，首先介绍胶体与表面（界面）化学和高分子化学方面的基础知识。

第一节 胶体化学

一、胶体体系

1. 胶体体系和胶粒

胶体化学（colloid chemistry）是胶体体系的科学。胶体分散体系是含有胶体颗粒的多相分散体系。通常规定颗粒大小为 1~100nm 的分散体系为胶体体系；颗粒大于 100nm 的分散体系为粗分散体系。也有相当多的文献及研究资料将其上限提高为 1μm，特别是在石油工程领域。例如，油气井使用的水基钻井液中，黏土颗粒以微米和亚微米级分散在水中；常用的油基钻井液为油包水型乳状液，而水则以微米级大小的液滴形式分散在油中。总之，由于胶体粒子非常小,且胶粒大小不一,因此胶体通常是两相或多相的不均匀分散体系,即热力学不稳定体系,在分散介质(通常为水溶液,也可以是与水不相溶的油或合成基液)与分散相(胶体粒子)之间存在极大的相界面。

2. 胶体的特点

胶体体系中,胶体粒子以纳米级别分散在气、液、固体中形成不同类型的胶体体系,因此其重要特点之一就是具有很大的相界面,比表面积和表面能很大。在研究胶体体系时,通常要结合相界面来研究胶体粒子,以更好地理解胶体化学中的各种现象,两者的交叉学科综合为胶体与界(表)面化学(colloid & surface chemistry)。

各种分散体系的特性见表1-1。

表1-1 不同类型的分散体系特性

类型	粒径,nm	特性
粗分散体系	>100	不能穿过滤纸,无扩散能力,不能穿过渗析膜,在光学显微镜下可见
胶体分散体系	100~1	能穿过滤纸,有一定扩散能力,不能穿过渗析膜,在光学显微镜下不可见,在超显微镜下可见
分子分散体系	<1	能穿过滤纸,扩散能力强,能穿过渗析膜,在光学显微镜及超显微镜下均不可见

一般地,分散介质为液体的胶体体系称为溶胶(sol)。例如,将黏土颗粒分散在水中形成的黏土—水溶胶体系,黏土粒子的大小呈不均匀的分布状态,严格意义上讲应称为溶胶—悬浮体分散体系。根据分散相粒子亲液性质的不同,可将溶胶分为亲液溶胶和憎液溶胶。表面活性剂的胶束溶液和高分子溶液因为良溶性而被称为亲液胶体,水基钻井液则是典型的固体颗粒分散在水中的憎液胶体。两种溶胶的区别见表1-2。分散介质为固体的胶体体系为固溶胶,例如合金;分散介质为气体的胶体体系则为气溶胶,例如烟尘、低压油气田开发用的气体雾状的钻井液等。

表1-2 亲液胶体与憎液胶体比较

性质	憎液胶体	亲液胶体
电解质的存在	必要的稳定因素	非必要的稳定因素
对电解质的稳定性	低	很高
聚沉的可逆性	不可逆	可逆
电镜下的可见性	可见	不可见
黏度	与溶剂差别小	比溶剂大得多
渗透压	小	显著
胶体粒子的带电性质	固定,不易变	随pH值而变

3. 胶体的制备

胶体的制备方法可简单分为两类——凝聚法和分散法。

凝聚法是根据所要形成胶体的分散相颗粒的大小(1~100nm),将细小的分子或离子凝聚成胶体粒子。制备过程中要注意胶核的形成和成长条件,因为温度、杂质、pH值以及搅拌速度等因素都有一定的影响。

分散法是将大块物质分散,使之符合胶粒大小的范围,有机械分散、电分散、超声波分散和胶溶等方法。

在制备胶体的过程中,首先要注意胶体粒子在胶体体系中的浓度要比较小,否则会生成凝胶。其次要注意胶体体系中要有一定的稳定剂存在,以防胶体粒子过度絮凝,以至聚沉。

二、胶体的运动性质

溶胶的运动性质(kinetic properties)包括布朗运动(Brown motion)、扩散(dispersion)和沉降(sedimentation)等。

1. 布朗运动

溶胶粒子类似于溶液中的溶质,在分散介质中处于不停的、无秩序的热运动状态,即布朗运动,符合分子运动理论。溶胶粒子比溶液中的溶质分子或离子大,所以其运动强度小于分子或离子。

2. 扩散运动

溶胶粒子从高浓度区向低浓度区迁移,最后使浓度达到"均匀",这就是溶胶的扩散运动,是自发过程。浓度梯度越大,胶粒扩散越快;粒子半径越小,扩散能力越强,扩散速度也就越快。其扩散方式与布朗运动有关,布朗运动是粒子不停的无规则的热运动。扩散是布朗运动的宏观表现,布朗运动是扩散的微观基础。

3. 沉降运动

与扩散运动能促使体系中胶体粒子的浓度趋于均匀的作用相反,沉降是溶胶粒子因重力或离心力作用而与分散介质分离的过程。当扩散与沉降这两种力相等时,体系达到平衡状态,即沉降平衡。在重力沉降中,各水平面内粒子浓度保持不变,但从下向上形成浓度梯度。这与地面大气分布类似,离地面越远,气压越低,大气越稀薄。

油气田工程中遇到的多为重力沉降,如水基钻井液溶胶—悬浮体分散体系,其中黏土粒子的粒径和密度较大,在分散介质(即水)中易于下沉。若没有一定的分散剂作为稳定剂,则黏土粒子很快就会发生絮凝甚至聚沉而沉降下来,形成水土分层现象。在重力作用下,分散体系中的胶体粒子所受的重力 F_1 为

$$F_1 = V(\rho-\rho_0)g$$

式中,V 为粒子体积;ρ 和 ρ_0 分别为溶胶粒子和分散介质的密度;g 为重力加速度。

假设溶胶粒子为球形,则对于半径为 r 的球形粒子有

$$F_1 = \frac{4}{3}\pi r^3(\rho-\rho_0)g$$

按照 Stokes 定律,粒子沉降时受到的阻力 F_2 为

$$F_2 = 6\pi\eta r v$$

式中,η 为介质的黏度。

当重力与阻力相当时,溶胶粒子匀速下沉,其沉降速度(sedimentation velocity)为

$$v = \frac{2r^2(\rho-\rho_0)g}{9\eta} \tag{1-1}$$

式中，v 为粒子的沉降速度，cm/s；ρ 为粒子的密度，g/cm^3；ρ_0 为介质的密度，g/cm^3；η 为溶胶的黏度，$mPa \cdot s$。

式(1-1)即球形粒子在分散介质中的沉降速度公式。

由沉降速度可知，当其他条件相同时，粒子越大，沉降越快。球形金属粒子在水中的沉降实验结果见表1-3。由于胶体粒子很小，所以胶体体系在相当长的时间内可以保持一定的动力学稳定性（溶胶粒子在重力作用下是否容易自动下沉的性质）而不发生明显的沉降现象。另外，粒子的浓度、介质的黏度、温度以及其他一些外界条件也会妨碍胶体粒子沉降。

表1-3　球形金属粒子在水中的沉降实验结果

粒子半径	沉降速度，cm/s	沉降1cm所需时间
10^{-3} cm	1.7×10^{-1}	5.9s
10^{-4} cm	1.7×10^{-3}	9.8min
100nm	1.7×10^{-5}	16h
10nm	1.7×10^{-7}	68d
1nm	1.7×10^{-9}	19a

注：粒子和介质的密度分别为$10g/cm^3$和$1g/cm^3$，介质黏度为$1.15 mPa \cdot s$。

由沉降速度公式可知，其中的各个物理量均可测，而且由测出的数据还可以反求粒径很小的粒子半径。通过沉降分析，适当调整分散介质的黏度，可以提高胶体粒子在其中的稳定性。水基钻井液利用此原理，通过加入高分子化合物以提高水相的黏度，可以使粒径大到微米级的黏土颗粒（配浆材料）和重晶石（加重材料）在水相中处于分散状态，保持钻井液中大颗粒的沉降平衡，使钻井液的流变性能等参数在相当长的一段时间内满足钻井工作的要求，保持动力学的相对稳定。

三、胶体的光学性质

溶胶的光学性质（optical properties）反映胶体粒子在分散介质中的高度分散性和不均匀性。溶胶的胶体粒子在介质中的分散状态可以通过光学仪器进行观测和分析，例如光学显微镜和电子显微镜等。显微镜的入射光进入溶胶体系，部分光线被吸收、散射或反射。光吸收取决于溶胶体系的化学组成，光散射（light scattering）和光反射取决于分散相颗粒的大小。

光散射是指光的前进方向之外也能观察到光的现象。分散体系中的粒子大小在胶体范围内，即有明显的散射现象；粒子大小大于胶体范围时，则主要发生光的反射现象。

1. 光散射

1) 丁达尔效应

以一束强烈的光线射入溶胶后，在入射光的垂直方向可以看到一道明亮的光带。这一现象最先被Tyndall发现，故称为丁达尔效应（Tyndall effect）或丁达尔现象，如图1-1所示。

2) 瑞利散射定律

非导电性球形粒子有光散射现象，瑞利（Rayleigh）散射定律可以用来解释其散射规律。例如，根据散射定律，硫溶胶的散射光强度I与入射光强度I_0之间有如下关系式：

$$I = \frac{24\pi^3 c V^2}{\lambda^4} \left(\frac{n_2^2 - n_1^2}{n_2^2 + 2n_1^2} \right)^2 I_0 \tag{1-2}$$

式中，c 为单位体积中的粒子数；V 为单个粒子的体积；λ 为入射光波长；n_1 为分散介质的折射率；n_2 为分散相的折射率。

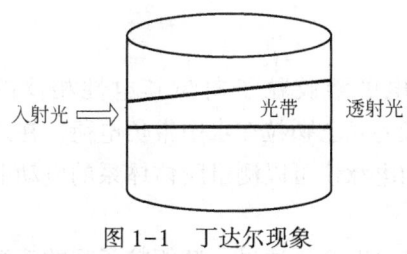

图 1-1　丁达尔现象

由式（1-2）的瑞利散射定律可知：

① 散射光强度 I 与入射光波长 λ 的 4 次方成反比，即波长越短的光越易被散射。

② 散射光强度 I 与单位体积中的粒子数 c 成正比。根据这一原理设计的"浊度计"可用于测量溶胶体系中的分散相浓度，例如水及污水中悬浮物的浓度。

③ 散射光强度 I 与粒子体积 V 的平方成正比，即粒子体积小的分子溶液散射光极弱，不易被观察到。

④ 散射光强度 I 与粒子和分散介质的折射率差值的平方成正比，即两者的折射率相差越大，粒子的散射光越强。

实际上，光散射是一种普遍的光学不均匀现象，因为即使是纯液体或纯气体，分子热运动引起局部密度不同也会引起折射率的变化，也有折射现象。

2. 溶胶的颜色

许多溶胶有不同的颜色，主要原因是溶胶粒子对可见光产生选择性吸收。粒子对光的吸收主要取决于其化学组成及结构。每种分子都有自己的特征吸收波长，如果此波长在可见光（λ 为 400～700nm）范围内，则其溶胶显色，而且散射光与吸收光的颜色互补。例如，$Fe(OH)_3$ 吸收绿光，其溶胶呈红色；AgCl 几乎不吸收光，其溶胶呈白色；AgBr 和 AgI 均吸收蓝光，其溶胶分别呈现黄色和深黄色。

3. 超显微镜

普通的光学显微镜分辨率约为 200nm，一般不能用于直接观察胶体粒子。超显微镜采用特殊的聚光器，可以使胶体粒子发出强烈的光散射信号，结合其他数据，可以计算出粒子的平均粒径大小和粒径分布，并由此推断出胶体粒子的形状。

例如，用激光散射仪，结合相关计算机软件，可以用于钻井液中的粒子大小和分布的分析，也可以用于油井采出液中乳状液液滴的分析。

四、胶体的电学性质

1. 电动现象

溶胶的电学性质主要是指溶胶体系中发生的电动现象（electrokinetic phenomena），包括电泳、电渗、沉降电位和流动电位。

电动现象产生的原因是溶胶粒子带有一定的电性，粒子表面吸附的带相反电性的离子（即反离子）在水中扩散，整个溶胶体系呈电中性。溶胶粒子类似于分子，一直在做无规则的热运动。溶胶粒子带着紧密吸附层中的反离子一起运动，其余的反离子则扩散地分布在水中。因此，实际测得的胶体粒子的电位（即电动电位）通常与胶体粒子的表面电位不等。

1) 电泳

在外加电场作用下，带电的溶胶粒子向与其电性相反的电极移动的现象称为电泳（electrophoresis）。例如，一般的黏土颗粒在水中带负电荷，在外加电场作用下黏土粒子会向正极移动。利用此现象设计的电泳仪可以测量胶体体系的电动电位。

2) 电渗

在外加电场作用下，液体分散介质通过分散相粒子间的毛细通道向电极移动的现象称为电渗（electroosmosis）。例如，水在外加电场作用下，通过黏土颗粒间的毛细通道向负极移动，因为黏土颗粒在水中呈负电性，这是著名的列依斯（Рейсс）实验。

电泳和电渗都是溶胶体系在外加直流电场作用下产生的电动现象。电泳现象是油气井工作液化学中的一种重要现象，可以利用它来设计抑制性的水基钻井液体系。

3) 沉降电位

在无外加电场作用时，若溶胶体系中的溶胶粒子在分散介质中迅速沉降，在沉降管的两端会产生一定的电位差，即沉降电位（sedimentation potential）。这一现象是电泳现象的逆过程。

4) 流动电位

与电渗现象相反，在无外加电场作用下，若用压力使溶胶体系的介质通过毛细管网或多孔塞，则在毛细管网或多孔塞两端产生电位差，即流动电位（streaming potential）。这一现象是电渗的逆过程。多孔地层中流体的流动电位对于油井电测有重要意义，有利于及时发现油气储层。

2. 胶体粒子表面电荷来源

由溶胶体系的电动现象可知，溶胶粒子是带电的，所带电荷与溶胶的制备条件和介质的 pH 值有关。一般地，金属氢氧化物以及碱性染料带正电，例如，MMH 正电胶钻井液的助剂是混合金属层状氢氧化物，其化学成分是 $Al(OH)_3$ 和 $Mg(OH)_2$；用于测量钻井液中黏土含量的亚甲基蓝染料也是带正电。金、银和铂等金属溶胶通常带正电，硫、硅酸等的溶胶、淀粉颗粒以及微生物等通常带负电。

胶体粒子表面的电荷来源一般有以下三方面。

1) 电离

钻井液中黏土颗粒是铝硅酸盐类的无机物，在调剖堵水中使用的水玻璃是偏硅酸钠，在水中可以发生离解而使溶胶颗粒表面带负电，而与其表面接触的液相则带正电。亚甲基蓝染料在水中离解而带正电荷，可以将黏土表面吸附的部分阳离子替换下来。

2) 离子吸附

由凝聚法制备的溶胶粒子在水中不易离解，但可以从溶胶中有规则地选择性吸附某些离子，使溶胶粒子带电。这是法扬斯（Fajans）规则，是指能和组成溶胶粒子的离子形成不溶物的离子，最易被溶胶粒子表面吸附。例如，制备银的卤化物溶胶时，溶胶粒子可以优先吸附 Ag^+ 而带正电，也可以优先吸附卤元素的负离子（如 Cl^-、Br^-、I^-）等而带负电，主要取决于体系中何种类型的离子过量。

3) 晶格取代

晶格取代或同晶取代是黏土矿物的特有现象。黏土矿物的晶格中心有正三价的铝和正四价的硅，它们可以部分被低一价的原子，如 Mg^{2+}、Ca^{2+} 和 Al^{3+}、Fe^{3+} 取代，但晶体的整体骨架保持不变。因此，黏土粒子在水中由于晶格取代而带负电性，同时吸附部分阳离子在其周围以中和电性。

3. 扩散双电层和 ζ 电位

溶胶粒子的带电原因可以通过扩散双电层模型来分析说明，并可以由此计算其电动电位，即 ζ 电位。

1) Helmholtz 模型

亥姆霍兹（Helmholtz）最早提出，溶胶粒子表面的双电层结构类似于平行板电容器，这种平行板型双电层的内层在胶体粒子表面上，外层则在液体中，而且电性与内层的电性相反。内、外两层间的距离很小，约为离子大小的数量级。根据静电学知识，层间的电势呈直线下降，如图 1-2(a) 所示。这种平行板双电层模型最大的缺点是认为反离子被平行地束缚在相邻质点表面的液相中。平行板双电层模型不能解释电动现象，因而不能代表实验事实。

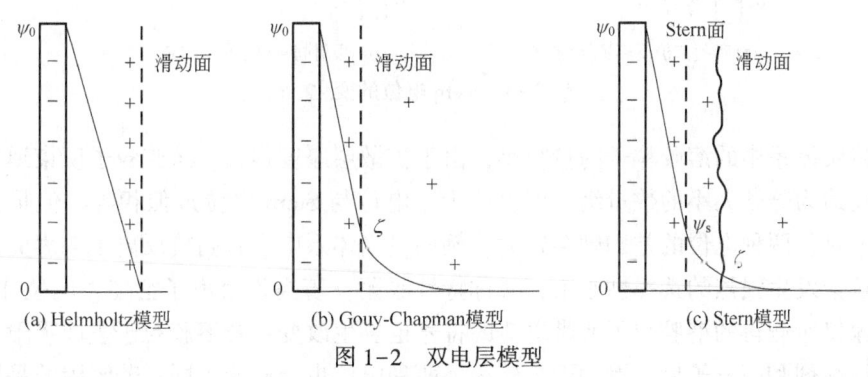

图 1-2 双电层模型

2) Gouy-Chapman 模型

高依—开普曼（Gouy-Chapman）模型修正了亥姆霍兹平行板双电层的不足。该模型认为，溶胶体系中的反离子扩散地分布在溶胶粒子周围，由于静电吸引力，胶体粒子附近的反离子距扩散双电层面很远（约 1~10nm）时，过剩的反离子浓度为零。其模型和电势变化如图 1-2(b) 所示。

一般地，水溶液中分散相粒子的表面总是结合着一层水及部分反离子，它们可视为溶胶粒子的一部分，统称为胶粒。所以在电泳时，固—液之间发生相对移动时存在一个滑动面。这一滑动面应该在双电层内距溶胶粒子表面的某一距离处，该滑动面处与溶液内部的电位差为 ζ 电位。它是表面电位 ψ_0（也称为热力学电位）的一部分，表面电位是指从溶胶粒子表面到均匀液相内部的总电位差。可见，ζ 电位的大小取决于滑动面内部反离子的浓度大小。进入滑动面内的反离子越多，ζ 电位越小，反之则越大。由于 ζ 电位只有当溶胶粒子与分散介质之间做相对移动时才能显示出来，故又称为电动电位。

高依—开普曼扩散双电层模型可以解释溶胶粒子的电动现象，同时还可以区分热力学电位和电动电位，并解释电解质对电动电位的影响。但是，它不能解释电动电位会发生所带电荷符号改变及高于表面电位的现象。

3) Stern 扩散双电层模型

斯特恩（Stern）扩散双电层理论认为，高依—开普曼双电层的滑动面内部可以分为两层，一层为紧靠粒子表面的紧密层（也叫 Stern 层，或吸附层），厚度由被吸附离子的大小决定，紧密层内的电势呈直线下降；另一层为扩散层，其浓度由体相溶液的浓度决定，电势随距离的增加而呈曲线下降，如图 1-2(c) 所示。

常见的溶胶是以水作为分散介质的，一定数量的水会与反离子和溶胶粒子紧密结合。在电动现象中，这部分水及其中的反离子和溶胶粒子作为一个整体而一起运动。在溶胶体系的固—液之间发生相对移动时，存在一个滑动面。虽然滑动面的确切位置不知道，但是可以认为它在 Stern 层之外，如图 1-3(a) 所示。ζ 电位略低于 Stern 电位。

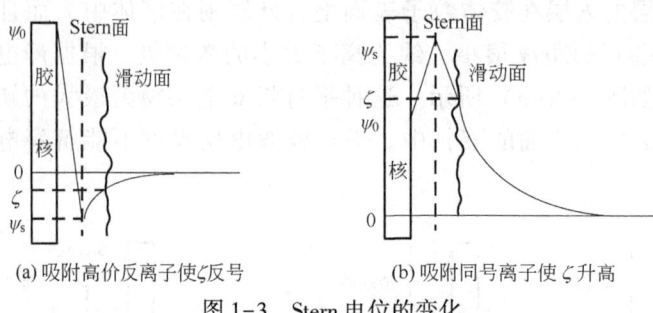

(a) 吸附高价反离子使 ζ 反号　　(b) 吸附同号离子使 ζ 升高

图 1-3　Stern 电位的变化

如果溶胶体系中的溶胶粒子的量很小，由于扩散层厚度很大，溶胶粒子所束缚的溶剂化水层的厚度约为分子大小的数量级，可以认为 ζ 电位与 Stern 电位近似相等。但是，当电解质浓度较大时，两种电位的差别则会较大。例如，当体系中含有高价反离子或表面活性剂离子时，胶粒会发生强烈的选择性吸附，又称特性吸附。若高价反离子会使 ζ 电位和 ψ_0 电位反号，电泳仪所测得的溶胶粒子所带电荷的符号也发生改变；若溶胶粒子表面吸附有非离子型的表面活性剂和高分子后，滑动面会外移，两种电位也会有所不同；若吸附的是同电性的高分子，则 ζ 电位可能会高于溶胶粒子的 ψ_0 电位，如图 1-3(b) 所示。

水基钻井液中的黏土粒子通常因为晶格取代和吸附而带负电性，ζ 电位为负值。若向钻井液中加入大量的阴离子高分子，滑动面外移，ζ 电位会增大，黏土颗粒间的静电排斥力增加；若向钻井液中加入大量的阳离子表面活性剂或阳离子高分子（如 CPAM），黏土粒子改为带正电，ζ 电位转变为正，即得到所谓的阳离子钻井液体系。

4) ζ 电位的计算

Stern 扩散双电层模型虽然较清楚，但是用它所推导出的扩散双电层公式却相当复杂，公式中的许多参数无法直接确定。目前普遍用 Gouy-Chapman 扩散双电层模型来进行数学计算。

在对扩散双电层进行定量处理，如计算扩散双电层的厚度及电位随距离的分布规律、表面电荷密度相等时，一般有以下假设条件：

(1) 粒子表面是无限大的平面，表面电荷分布均匀；

(2) 扩散层中的反离子是点电荷，并按玻尔兹曼（Boltzmann）公式分布；

(3) 分散介质的介电常数到处相同。

因为油田化学中主要应用的是 ζ 电位，所以这里主要介绍 ζ 电位的计算。ζ 电位的大小表示胶粒的带电性质,通常由实际测得的电泳速度或电渗速度计算得到。

假设胶粒带电荷 q,在电场强度为 E 的电场中,若两极间的距离为 l、电位差为 ΔV,则单位距离中的电位差,即电场强度为 $E = \Delta V/l$,而作用在胶粒上的静电力为

$$f = qE$$

若胶粒为球形,而球形粒子的半径为 r,电泳速度为 v,按 Stokes 定律,其摩擦阻力为

$$f' = 6\pi\eta rv$$

当胶粒恒速泳动时,静电力与摩擦阻力相等,即

$$qE = 6\pi\eta rv$$

按静电学定律有

$$\zeta = \frac{q}{Dr} = \frac{6\pi\eta v}{DE} \tag{1-3}$$

式中,η 为溶胶的黏度,Pa·s;v 为胶粒的电泳速度,m/s;D 为介质的介电常数,F/m;E 为电场强度,V/m。

式(1-3)是适用于球形胶粒的 ζ 电位计算的公式。对于棒状或层状胶粒(如分散在水中的黏土矿物),则应乘以一个校正系数 2/3,即

$$\zeta = \frac{4\pi\eta v}{DE} \tag{1-4}$$

溶胶粒子的 ζ 电位一般在几十毫伏左右,其正负号可由其电泳的方向确定。溶胶粒子的电泳速度一般与其粒径大小的关系不大,因为溶胶粒子的粒径越大,它所带的电荷就越多。

五、胶体的稳定性

溶胶的稳定性是指其某种性质有一定程度的不变性,可用热力学稳定性、动力学稳定性和聚集稳定性来表征。溶胶体系的性质包括溶胶粒子的浓度、粒径大小、体系的黏度和密度等。一般而言,溶胶体系是具有一定动力稳定性的热力学不稳定体系,对于油气井工作液有特别的意义。

① 热力学不稳定性。溶胶体系是多相分散体系,各相之间有巨大的相界面,是热力学不稳定体系。这是针对普通的溶胶体系,并非指亲液胶体(如表面活性剂和高分子的水溶液)。例如,水基钻井液中的分散相主要是多分散的黏土颗粒,容易聚结变大,即具有热力学不稳定性。

② 动力学稳定性。溶胶体系具有一定的动力稳定性,因为溶胶粒子较小,在分散介质中受到微观上的布朗运动和宏观上的扩散作用影响,能够阻止其因重力作用而引起的沉降,可以达到沉降平衡。胶粒的粒径越小,沉降速度越慢。动力学稳定性实际上是指在重力场或离心力场中,溶胶粒子从分散介质中析离的程度。由沉降平衡可知,溶胶体系实际上是动力学相对稳定的体系。例如,油气井工作液必须具有动力学稳定性,才能满足石油工程必需的相对稳定的流变性能,保证工程的顺利进行。

③ 聚结稳定性。聚结稳定性是指体系的分散度是否随时间变化,即溶胶粒子是否容易自动聚结变大,以至于下沉的性质。由热力学第二定律可知,溶胶体系中的溶胶粒子由于与

分散介质间存在巨大的比表面能，溶胶粒子必然通过吸附、聚结等作用来降低其表面能。若溶胶体系中的细小胶粒易聚结、变大使分散度降低，则溶胶体系的聚结稳定性差；反之，则溶胶体系的聚结稳定性好。

因此，胶体体系本质上是热力学不稳定的，但又具有一定的动力学稳定性。通常将无机电解质使胶体粒子发生聚结变大并沉淀的作用称为聚沉；而用絮凝作用来表示高分子化合物使胶体粒子沉淀的现象；若不知是何药剂时，胶体粒子的沉淀称为聚集作用。为了保证溶胶体系的稳定性，通常要向体系中加入一定量的分散剂，以防溶胶粒子的聚结变大，以至于聚沉。例如，在水基钻井液中，通常在配浆时要加入无机的碱如纯碱，或有机的高分子化合物，来保证黏土颗粒处于适度分散状态。

1. DLVO 理论

从扩散双电层的观点来看，溶胶粒子由于带有一定的电性而相互排斥，粒子不易聚结在一起；溶胶粒子表面的溶剂化膜有一定的厚度，也会阻止粒子的聚结。

Derjaguin、Landan、Verwey 和 Overbeek 等在20世纪40年代初提出了关于溶胶稳定性的理论，通常称为 DLVO 理论。该理论认为，溶胶在一定条件下是稳定存在还是聚沉，取决于粒子间的相互吸引力和静电斥力的大小。若斥力大于吸引力则溶胶稳定，反之则不稳定。

1）胶粒间的相互吸引力

胶粒间的相互吸引本质上是范德华力（Van der Waals force）。溶胶粒子是许多分子的聚集体，Hamaker 假设胶粒间的相互作用等于组成它们的各分子对之间相互作用的加和。胶粒间的相互吸引力是胶粒中所有分子引力的总和，要远远大于一般分子之间的相互吸引力。一般分子间力与分子间距离的6次方成反比，而胶粒间的相互吸引力与胶粒间距离的3次方成反比。这说明胶粒间在较远的距离时仍然有一定的范德华力，只是该引力会随着距离的增大而下降。而且分散介质的存在也会使胶粒间的吸引力减弱，两者的性质越接近，胶粒间的相互吸引力越弱，越有利于溶胶体系的稳定。一般外界因素对范德华力的影响很小，但对静电斥力的影响却很大。

2）胶粒间的相互排斥力

由扩散双电层模型可知，溶胶粒子带有一定的电性，胶粒周围是反离子的离子氛。当两个胶粒趋近，但离子氛还未接触时，胶粒间没有排斥作用；当胶粒相互接近到离子氛发生重叠时，重叠区的反离子浓度就会变大。这就破坏了原来电荷的对称分布，会导致离子氛中电荷的重新分布，即反离子从浓度较大的重叠区间向未重叠区扩散，使带电胶粒受到斥力而远离。此即离子氛中反离子的屏蔽作用，如图1-4所示。

图1-5可以用来解释胶粒间随着距离的变化而引起的能量变化，由此可以解释溶胶的聚集稳定性理论。曲线 E_R 表示两个胶粒靠近时的排斥能（repulsive energy）变化，曲线 E_A 表示两个胶粒靠近时的吸引能（attractive energy）变化，以胶粒间的相互排斥为正，相互吸引为负。曲线 E_T 表示总位能（total energy）与胶粒距离的关系。

由曲线 E_T 可知，当两胶粒相距较远时，离子氛未发生重叠，粒子间远距离的吸引力占优势，曲线在横轴之下，总的位能为负值；随着胶粒间的距离变小，离子氛重叠，斥力开始起作用，总位能逐渐上升为正，至一定距离处，总位能会出现最大值，即出现一个能峰 E_0。能峰上升表示两胶粒不易进一步靠近，或者两胶粒相互碰撞后会分离开来。如果两胶粒能进一步靠近，则表示克服了能峰 E_0，总位能迅速下降，说明胶粒很近时，吸引能随胶粒距离的变小而激增，引力又重新占优势。总位能减小为负值，表示两胶粒将发生聚结。因此可以认为，若要使胶粒聚结，必须越过能峰 E_0。这就是胶体在一定时间内具有一定聚结稳定性的原因，能峰 E_0 的存在使溶胶粒子不易自动聚结变大。

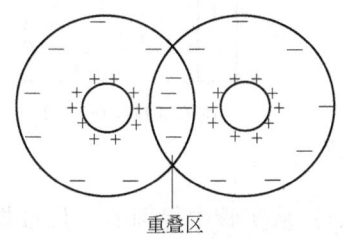

图 1-4　离子氛重叠

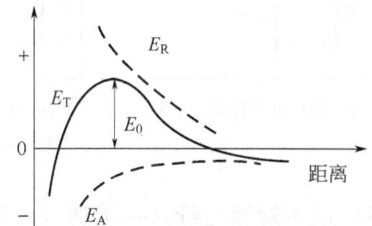

图 1-5　胶粒间作用能与距离的关系

一般外界因素对溶胶体系的排斥能影响较大，例如，分散体系中的电解质浓度可以显著改变 ζ 电位。ζ 电位会随着电解质浓度的增加而降低，即胶粒间的排斥能减小，聚集稳定性变差。当 ζ 电位降低到某一程度时，能峰 E_0 降到约与横坐标相切时，溶胶的聚集稳定性最低，胶粒间的静电排斥能为零，胶粒间会很快发生聚沉现象。

溶剂化层也是溶胶稳定性的一个影响因素。胶粒吸附有反离子，反离子因溶剂化而在周围形成一个溶剂化层（如水化层/膜）。当胶粒间相互接近时，水化膜受到挤压而变形。为恢复原来的定向排列，水化膜表现出一定的弹性，阻碍胶粒间的相互靠近，即存在一个机械阻力。胶粒外的水化膜起排斥作用，也称为"水化膜斥力"。水化膜厚度与扩散双电层的厚度相当，约为 1~100nm。水化膜厚度受体系中电解质浓度的影响较大，电解质浓度越高，压缩双电层厚度的能力越强，即水化膜变薄。

2. 溶胶聚结稳定性的影响因素

溶胶的稳定性被破坏后，溶胶中的粒子合并（聚结）、长大，最后从分散介质中沉淀出来的现象，称为聚沉（coagulation）。影响聚沉最主要的影响因素是电解质。

1) 电解质浓度

将电解质加入溶胶，电解质中与扩散层反离子电荷符号相同的离子会把扩散层反离子压入吸附层，减小了胶粒的带电量，即 ζ 电位降低，能峰 E_0 也因此降低，所以溶胶粒子间的相互排斥力降低，胶粒易发生聚沉现象。

电解质浓度达到最大值时，扩散层中的反离子被全部压入紧密吸附层内，胶粒处于等电状态，ζ 电位为零，胶体的稳定性最低。如果加入过量的特殊电解质，不仅反离子全部进入吸附层，一部分电解质离子也会被胶粒强烈吸引（特性吸附）而进入吸附层。此时胶粒重新带电，但电性与原来的电性相反。此即胶粒的再带电现象，如图1-6所示。

2) 反离子所带电荷数

当加入溶胶体系的电解质浓度相同时，反离子所带电荷数越多，则聚沉能力越强，即聚沉值越小。聚沉值 r_c 是指能引起某一溶胶发生明显聚沉所需外加的电解质的最小浓度（mmol/L）。理论可推导出，其他条件相同时，电解质的聚沉值 r_c 与反离子价数 Z 的 6 次方成反比，即

$$r_c \propto \frac{1}{Z^6} \tag{1-5}$$

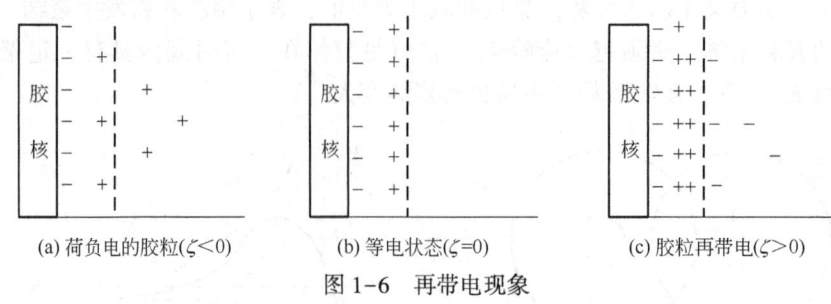

图 1-6 再带电现象

式(1-5) 这一规律与舒采—哈迪（Schulze-Hardy）从实验中得到的"价数规则"基本一致。表 1-4 列出了 $NaCl$、$MgCl_2$ 和 $AlCl_3$ 三种电解质对 As_2S_3 负溶胶的聚沉值大小，以及 KCl、K_2CrO_4 和 $K_3Fe(CN)_6$ 三种电解质对 Fe_2O_3 正溶胶的聚沉值大小。

表 1-4 聚沉值和反离子价数之间的关系

反离子价数 Z	聚沉 As_2S_3 的 r_c	聚沉值之比	反离子价数 Z	聚沉 Fe_2O_3 的 r_c	聚沉值之比
1	55	1	1	103	1
2	0.69	0.013	2	0.325	0.003
3	0.091	0.0017	3	0.096	0.0009

3）反离子半径大小

相同价数离子的聚沉能力也有所不同，主要与离子的水化半径有关。例如，有相同阴离子的一价阳离子对负电溶胶的聚沉能力有以下顺序：

$$H^+ > Cs^+ > Rb^+ > K^+ > Na^+ > Li^+$$

这种将同符号、同价的离子按聚沉能力排成的顺序，称为感胶离子序（lyotropic series）。感胶离子序中，Li^+ 的半径最小，水化能最强，水化半径最大，所以聚沉能力最小。

对于正电性溶胶的聚沉能力，有相同阳离子的一价阴离子有以下的感胶离子序：

$$Cl^- > Br^- > NO_3^- > I^-$$

4）同号离子

如果向溶胶体系中加入一定量的与溶胶粒子电性相同的离子，一般有利于溶胶体系的稳定。例如，向水基钻井液等负电溶胶体系中加入一定的阴离子表面活性剂或高分子化合物，它们可以作为分散剂而吸附在胶粒表面，增强胶粒的负电性，同时增强胶粒间的静电排斥力和水化膜斥力，有利于水基钻井液性能的稳定；还可以用于采油的注水工艺及防砂作用，用作黏土防膨剂和黏土稳定剂。

5）相互聚沉

将不同电性的溶胶以一定比例进行混合时，可能会发生相互聚沉现象。例如，日常生活用水，在出自来水厂之前，往往要使用絮凝剂对入厂的来源水进行混凝。聚合氯化铝（PAC）无机絮凝剂和阳离子聚丙烯酰胺（CPAM）可以通过水解或电离而产生阳离子，将水或污水中的腐殖酸或黏土等阴离子杂质去除，产生的作用即所谓的相互聚沉作用，当然作用机理较为复杂一些。

第二节　表面化学

表面化学又称为界面化学，因为任何表面都是界面。界面现象除讨论界面的物理化学现象及界面分子或原子与内部的区别外，还分析高度分散的胶体体系稳定性的影响因素。油田化学主要研究的界面现象有三类：①钻井液中黏土高分散后对钻井液体系性能的影响及如何消除不良影响；②采油过程中油—水—岩石、油—气—水界面的物理化学现象；③原油破乳过程中的油—水界面的稳定性研究。

一、界面现象与吸附

1. 净吸力与表面张力

1）净吸力

分子在体相内部与界面上所处的环境是不同的。如图1-7所示，液体表面上的某个分子M受到各方向相邻分子的吸引力，其中a、b可抵消，e向下，并有c、d的合力f（向下），故分子M受到一个垂直于液体表面、指向液体内部的"合吸力"，通常称为净吸力（net attractive force）。因为存在体相内部的净吸力，液体表面的分子有被拉入液体内部的倾向，所以任何液体表面都有自发缩小的倾向，此即液体表面存在表面张力的原因。

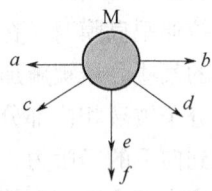

图1-7　表面分子受到各方向相邻分子的吸引力

2）表面张力的三种定义

所谓表面张力（surface tension），是指作用于相表面并指向体相内部的张力，它是由表面上的分子与表面下的分子相互之间的吸引力产生的。一般地，表面张力专指液相或固相与气相之间单位长度界面上的力，即两相之中有一相为气相；界面张力是指液—液或液—固两相间界面上的张力，均以牛顿/米（N/m）表示。一般地，液体的表面张力较小，固体的表面张力较大，通常以毫牛顿/米（mN/m）表示。例如，常温下，水的表面张力约为72mN/m。

表面张力存在于相的表/界面，可以从表/界面上的力、功和能等三个不同的角度来定义。

（1）力的概念

表面张力是作用在单位长度上的力。

假设现有一个肥皂溶液，将其薄液膜在一个长度为l的可移动的金属丝框架内水平拉伸，如图1-8所示。

为了保持这条边的位置固定，必须在薄膜平面内施加一个向外并垂直于l的力F。该力的大小为

$$F = 2\sigma l$$

式中，系数2是由于薄膜有上下两个气—液表面，σ为表面张力，其值为

$$\sigma = \frac{F}{2l} \tag{1-6}$$

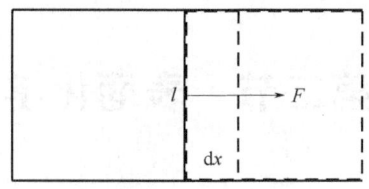

图 1-8 表面张力的概念

金属丝伸缩时,肥皂膜随之伸缩,力的方向总是与液面平行(即相切),即表面张力的方向和表面平行。力垂直作用于金属丝框的边缘,故表面张力也可认为是作用在单位长度上的力。当表面张力(或界面张力)在不平衡的条件下测定时,称为动态表/界面张力,这与在平衡条件下测定的所谓静态表/界面张力有所不同。

综上所述,分子间的吸引力产生净吸力,而净吸力产生表面张力。表面张力与液体表面相切,而与净吸力相互垂直。

(2) 功的概念

表面功是增加单位面积所消耗的功。

拉伸肥皂膜时,在金属丝框架内的位移为 dx 的情况下,液膜表面积变大,这说明液体内部的某些分子被施加的拉力 F "拉升"到表面上;肥皂膜收缩时,表面积变小,这说明表面分子被液相内部分子的净吸力"拉入"液体内部。当内部分子被拉到表面上时,同样要受到向下的净吸力,即把液体内部分子拉到液体表面时,需要克服内部分子的吸引力而做功。该表面功即是在等温、等压和可逆条件下,增加液体表面的面积 dA 所需的(微分)表面功 dW (differential surface work)。dW 相当于使分子从液体内部转移到表面增加面积 dA 与表面张力 σ 的乘积:

$$-dW = Fdx = 2\sigma l \cdot dx = \sigma dA$$

式中,dA 是薄膜的两个面的总增加面积,单位面积表面功(因为对体系做功应为负值,故在 dW 前有负号)的系数 σ 为

$$\sigma = -\frac{dW}{dA} \tag{1-7}$$

式中,σ 以焦耳/米^2 (J/m^2) 表示。

(3) 能的概念

表面能是使分子从液体内部转移到表面所需的吉布斯(Gibbs)自由能。

根据热力学第一定律(即能量守恒定律)可知,物体内能的增加等于物体吸收的热量和对物体所做的功的总和。将分子从体相内部"拉到"表面,增加了表面积,即增加单位表面积需要对体系做功,增加了体系能量。所做的功储存于表面,成为表面分子所具有的一种额外的势能,即吉布斯自由能,又称为比表面自由焓。在物理化学中,由热力学定律可以推导出表面张力的比表面自由焓公式:

$$\sigma = \left(\frac{dG}{dA}\right)_{T,p} \tag{1-8}$$

2. 影响表面张力的因素

表面张力 σ 是增加单位面积所需功的微分式中的强度变量,因此表面张力是液体或固

体表面的一种性质，而且是强度性质，受到自身特性、温度和压力的影响。

1) 物质本性

表面张力取决于净吸力，而净吸力取决于分子间的吸引力，因此表面张力与物质本性（例如物质的化学组成、相对分子质量及分子结构特征等）有关。

在室温（20℃）下，无机盐水溶液的表面张力比水大；有机物水溶液的表面张力比水小。不同性质的物质有不同的表面张力，极性物质的表面张力较大，非极性物质的表面张力较小；固体物质的表面张力较大，液体物质的表面张力较小。有机液体的表面张力小于水；含 N、O 等元素时，表面张力较大；含 F、Si 时，表面张力最小，是特种类型的表面活性剂。例如，室温下，非极性的正己烷只有 18.4mN/m；金属汞为 485mN/m，是室温下所有液体中表面张力最高的。

常见的一些有机物和无机物的表面张力数据分别见表 1-5 和表 1-6。

表 1-5 一些有机物的表面张力（20℃）　　　　　单位：mN/m

液体	表面张力	液体	表面张力	液体	表面张力
全氟戊烷	9.89	甲醇	22.60	二甲基亚砜	43.54
全氟庚烷	13.19	乙醇	22.27	苯	28.90
正戊烷	16.20	正丙醇	25.26	甲苯	28.52
正己烷	18.43	正丁醇	27.18	乙苯	31.48
正庚烷	20.30	甲酸	39.87	硝基苯	43.35
正辛烷	21.80	乙酸	29.58	苯乙酮	39.80
环己烷	24.95	丙酸	28.68	苯胺	44.83
二硫化碳	33.56	正丁酸	28.35	苯酚	43.54
氯仿	29.91	异戊酸	25.36	乙腈	29.58
四氯化碳	26.86	乙醚	16.92	乙醛	23.90
乙酸乙酯	26.29	丙酮	23.32	吡啶	39.82

表 1-6 一些无机物在液态时的表面张力　　　　　单位：mN/m

无机物	温度,℃	表面张力	无机物	温度,℃	表面张力
Cl_2	-30	25.56	Hg	20	470
H_2O	20	72.75	FeO	1427	582
NaCl	803	113.8	Al_2O_3	2080	700
LiCl	614	137.8	Fe	1538	1880
$NaNO_3$	308	116.6	Ag	1100	878.5
Na_2SiO_3	1000	250	Cu	1083	1300
			Pt	1773.5	1800

2) 相界面性质

通常所说的某种液体的表面张力，是指该液体与含有本身蒸气的空气相接触时的测定值。在与液体相接触的另一相物质的性质改变时，表面张力也会发生变化。

3) 温度

物质的表面张力还与温度有关，一般随温度的升高而降低，见表 1-7。例如，水的表面张力在19℃时是72.9mN/m，20℃时则是72.75mN/m。表1-7中，乙醇的沸点是78℃，苯的沸点是80.1℃，故在这两个温度之上，这两种物质无表面张力值。

表1-7 常见液体在不同温度下的表面张力　　　　　　　　　　单位：mN/m

液体	0℃	20℃	40℃	60℃	80℃	100℃
水	75.64	72.75	69.56	66.18	62.61	58.85
苯	31.60	28.88	26.30	23.70	21.30	—
甲苯	30.74	28.43	26.13	23.81	21.53	19.39
乙醇	24.05	22.27	20.60	19.01	—	—

4) 压力

气、液两相存在密度差和净吸力，因此压力对表面张力也有一定的影响。在一定温度下，液体的蒸气压不变，改变气相（空气或惰性气体）的压力可以研究压力的影响。

根据影响表面张力的因素可知，测定表面张力的方法有多种，例如毛细上升法、环法、气泡最大压力法等。另外，在界面张力较低时，可用滴外形法（躺滴法、悬滴法）；超低界面张力可用旋滴法。具体测定方法及原理可参阅相关的物理化学、胶体化学或表面化学实验类书籍。

3. 弯曲界面现象

常见的水面（如河面）是平面的，但是在滴定管或毛细管中的水面则是曲面的。图1-9规定了平面、凹面和凸面等。日常生活中，毛巾吸水、气候干燥时土壤开裂，实验中也有过冷和暴沸等现象。这些都与液面或界面的弯曲有关。水平界面上下两侧的压力相等，但是弯曲界面内外两侧的压力则不相等，存在一个曲界面两侧的压力差。在油田化学中，重要的界面弯曲现象是油与水在储层毛细通道中形成的弯曲界面。

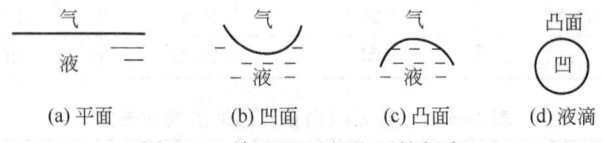

图1-9 关于凹面和凸面的规定

1) 曲界面两侧压力差

设液滴的曲率半径为 R，液面上某分子因受净吸力的作用而产生一个指向液滴内部的压力为 $p_{收}$（通常称为收缩压或附加压力），液滴的外部压力（即大气压，即凸面的压力）为 $p_{凸}$。液滴所受到的压力为 $p_{收}+p_{凸}$。平衡态时，凹面上有一个向外的与之相抗衡的压力 $p_{凹}$，有

$$p_{凹}=p_{收}+p_{凸}, \ p_{收}=p_{凹}-p_{凸}=\Delta p \tag{1-9}$$

收缩压代表弯曲液面两侧的压力差 Δp（也称毛细压力）。球形液滴表面层处液体分子所受到的压力必大于外部压力。与此相反，若为凹液面，则 $p_{收}$ 指向液体外部（即指向大气），即 $p_{收}$ 总是指向凹面内部，关系式依然成立，但表面层处液体分子受到的压力将小于外部压力。

总之，由于表面张力的作用，在弯曲表面下的液体与平面不同，在曲界面两侧有压力差，或者说表面层处的液体分子总是受到一种附加的指向凹面内部（球心）的收缩压力

$p_{收}$，且在曲率中心这一边的体相的压力总是比曲面另一边体相的压力大。

2) 曲界面两侧的压力差与曲率半径的关系

设有一毛细管内充满液体（图1-10），管端有一半径为 R 的球状液滴与之成平衡。对活塞稍稍施加压力使液滴的体积增加 dV，相应地其表面积增加 dA，此时为了克服表面张力，环境所消耗的体积功应为 $p_{收}dV$，即 $(p_{凹}-p_{凸})dV$。当体系达到平衡时，此功的数值和表面能 σdA 相等，即

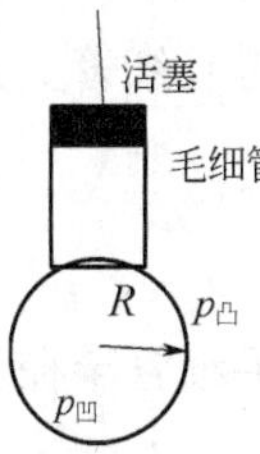

$$(p_{凹}-p_{凸})dV = \Delta p dV = \sigma \cdot dA$$

图1-10 收缩压与曲率半径的关系

其中 $A = 4\pi R^2$，$dA = 8\pi R dR$，$V = \dfrac{4}{3}\pi R^3$，$dV = 4\pi R^2 dR$，

$$\Delta p = \frac{2\sigma}{R} \tag{1-10}$$

式中，A 为球面积，V 为球体积。

若液滴为球形，气泡（如肥皂泡）有两个气液界面，且两个球形界面的半径基本相等，此时气泡内外的压力差为

$$\Delta p = \frac{4\sigma}{R} \tag{1-11}$$

由式(1-11) 可知：

① 液滴越小，液滴内外压差越大，即凸液面下方液相的压力大于液面上方气相的压力；

② 若液面是凹的（即 R 为负），凹液面下方液相的压力小于液面上方气相的压力；

③ 若液面是平的（即 R 为 0），压差为零。

若液面不是球形，假设是任意曲面，且有两个主曲率半径 R_1 和 R_2，则曲界面两侧压力差为

$$\Delta p = \sigma\left(\frac{1}{R_1}+\frac{1}{R_2}\right) \tag{1-12}$$

式(1-12) 通常称为拉普拉斯（Laplace）公式。此式为一般式，若液面是球面，即曲率半径到处相等，则式(1-12) 变为式(1-10)。

3) 毛细管上升和下降公式

若液体润湿毛细管壁，则毛细管内的液面呈凹面（图1-11）。因为凹液面下液相的压力比相同平面的液体的压力低，所以液体被压入毛细管内，液柱上升，直至液柱静压力 $\rho g h$ 与曲界面两侧压力差相等，达到平衡，则有

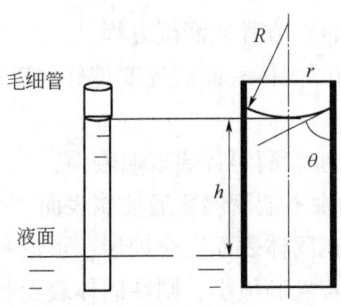

图1-11 毛细管上升现象

$$\Delta p = \frac{2\sigma}{R} = \rho g h$$

可得毛细管上升公式：

$$h = \frac{2\sigma}{\rho g R} \tag{1-13}$$

若毛细管半径为 r，润湿角为 θ，则有

$$h = \frac{2\sigma\cos\theta}{\rho g r} \tag{1-14}$$

若液体能够润湿毛细管壁，则毛细管内的液面呈凹面，润湿角小于 90°，液体在毛细管中上升；若液体不能润湿毛细管壁，则毛细管内的液面呈凸面，由于润湿角大于 90°，因而所得的 h 值为负，表示毛细管下降。因为凸液面下方液相的压力比相同高度的平面的液体的压力高，即液面上方气相压力大，所以，毛细管下降的计算也用公式(1-14)，只是润湿角不同而已。

地层岩石表面一般是亲水的，理论上讲，可以用水驱来将地层孔隙中的油驱替出来。但是在储油层中，岩石表面由于吸附了原油中一些表面油性物质而变成亲油性，水很难进入储层的毛细孔道中，故而用水来驱替储层中的油较为困难。

4. 润湿和润湿角

让液体在固体表面形成液滴，达到平衡时，在气（g）、液（l）、固（s）三相接触的交界点 O 处，沿气—液界面（g-l）的切线与液—固界面（l-s）之间的夹角（包含液体在内）为润湿角 θ（或称接触角，contact angle），如图 1-12 所示。

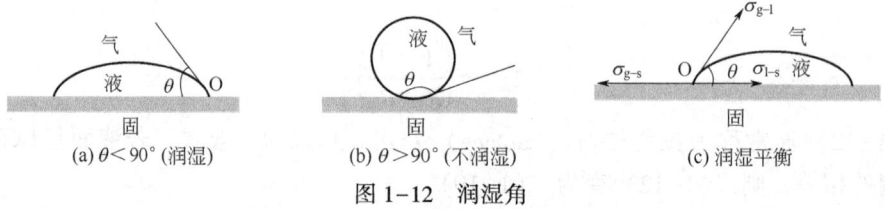

(a) $\theta < 90°$（润湿）   (b) $\theta > 90°$（不润湿）   (c) 润湿平衡

图 1-12 润湿角

根据界面张力的概念，在平衡时，三个表/界面张力在交点处的合力为零，此时液滴保持一定的形状，表（界）面张力与润湿角之间的关系如图 1-12(c) 所示，即

$$\sigma_{g-s} = \sigma_{l-s} + \sigma_{g-l}\cos\theta \tag{1-15}$$

式(1-15) 即杨氏（T. Young）方程或润湿方程。

润湿角 θ 越小，表示液体润湿固体表面的程度越好，以润湿角为判据，$\theta = 90°$ 作为分界线，则有：

① $\theta > 90°$ 时，能润湿，例如水能润湿普通玻璃表面；
② $\theta < 90°$，不能润湿，例如汞不能润湿普通玻璃表面；
③ $\theta = 0°$，完全润湿，液体在固体表面完全铺展，形成一薄层液膜；
④ $\theta = 180°$，完全不润湿，若液滴很小，则在固体表面收缩球形。

润湿角的测量方法有多种，对于大块的固体常用液滴法和气泡法来测量；对于固体粉

末,可以用动态法来测量粉末—液体体系的润湿角。

二、表面活性剂

表面活性剂是精细化工行业的代表性产品,现已广泛应用于家庭及工业清洗、纺织印染、农业以及石油与天然气工程等国民经济的各个领域。人们日常用到的肥皂、洗衣粉(液)以及各种洗涤剂等,其实都是表面活性剂或是以表面活性剂为主剂的复配产品。

石油与天然气工程的各个领域都要用到表面活性剂,例如,在油气钻井作业中,表面活性剂可用作钻井液的杀菌剂、缓蚀剂、起泡剂、消泡剂、解卡剂和乳化剂;在油气开采作业中用作黏土稳定剂、驱油剂、清防蜡剂、酸压助剂(用于乳化酸和泡沫酸,成胶、破胶及助排等);在油气田地面工程中用作减阻剂、破乳剂、杀菌剂和絮凝剂;在油田开发后期,一些大型油藏利用化学剂可以提高原油采收率,例如,大庆油田的碱—表面活性剂—聚合物(ASP)三元复合驱确保了大庆油田的稳产增产。对低孔低渗的非常规油气藏,例如页岩油/气藏的开采,则多用到压裂工艺,其压裂液及破胶返排也要用到各类表面活性剂产品。

1. 表面活性剂的定义和结构

1)表面活性剂的定义

所谓表面活性剂(surface active agent 或 surfactant),是一种具有表面活性的化合物,它溶于液体特别是水中,由于在液/气表面或其他界面的优先吸附,使表面张力或界面张力显著降低。表面活性(surface activity)是指改变表面或界面的物理性质(力学、电学、光学等)并降低其表面张力或界面张力的作用。简而言之,表面活性剂就是少量存在就能显著降低溶剂表面张力的化合物。因其降低表面张力的功能又被称为表面张力降低剂。

2)表面活性剂的结构

表面活性剂分子由性质不同的两部分组成,分别是亲水基和亲油基。例如,十二烷基羧酸钠是肥皂的主要成分,其分子由亲油的十二烷基 $C_{12}H_{25}$—和亲水的羧酸钠基团—COONa组成。亲油基团通常是具有一定长度的碳氢链,即烃基,用 R 表示。亲水基团与亲油基团分别类似于火柴棒的头和杆,如图1-13所示。

(1)亲水基和亲油基

表面活性剂的分子结构中一般至少含有两个不同性质的基团,一个是对水具有亲和性的极性基团(以保证其在多数情况下的水溶性),另一个是对水几乎没有亲和性的非气态非极性基团。对水具有亲和性的分子基团称为亲水基(hydrophilic group);对非气态非极性有机相具有亲和性的分子基团称为亲油基(lipophilic group)或疏水基(hydrophobic group)。表面活性剂分子的亲水基是极性基团(polar group),即分子中的电子分布产生显著电偶极矩的官能团。这种基团对显著极性表面尤其对水呈现亲和性,并

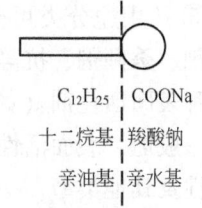

图1-13 表面活性剂分子的结构组成

决定了分子的亲水特征,通常为羟基、羧基、氨基等。相对应地,表面活性剂分子的亲油基是非极性基团(non-polar group),即分子中的电子分布不产生显著电偶极矩的有机部分。这种基团对低极性有机溶剂呈现亲和性,并决定了分子的亲油特征,通常为碳链。

表面活性剂分子对水以及对低极性或非极性有机溶剂都有一定的亲和性,可以用亲水—

亲油比（hydrophilic-lipophilic ratio）表示。该术语一般仅与乳化剂有关，也称作亲水亲油平衡值（HLB，hydrophilic-lipophilic balance），在配制乳状液时，可以根据 HLB 值来进行乳化剂的选择。

（2）表面活性剂的性质

一般的无机酸、碱和盐的水溶液在质量分数很小时，对水的表面张力几乎不起作用，有的甚至会使水的表面张力增大。人们通过大量研究发现，各种物质的水溶液（质量分数不大）的表面张力 σ 与质量分数 c 之间的关系有三种类型，如图 1-14 所示。

第一类（曲线 1）是表面张力在溶液质量分数很小时随质量分数的增加而急剧下降，但降至一定程度后便下降很小或基本不再减小。第二类（曲线 2）是表面张力随质量分数的增加而缓慢下降。第三类（曲线 3）是表面张力随浓度的增加而不变或稍有上升。表面活性剂溶液具有曲线 1 的性质，例如肥皂、洗衣粉和洗涤剂；有机的低级醇、胺等的水溶液具有曲线 2 的性质；无机的酸、碱和盐则有曲线 3 的性质。

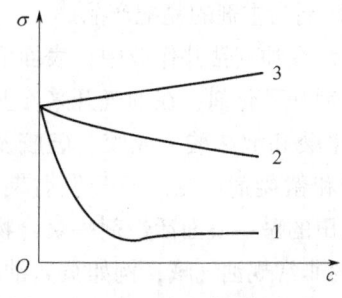

图 1-14　表面张力等温线的类型

表面活性剂有两个重要性质，一是在各种界面上的定向吸附，可用作乳化剂、起泡剂和润湿剂；另一个是在溶液内部形成胶束（micelle），具有增溶作用。利用好表面活性剂这两个性质，可以使表面活性剂在石油工程的各个领域中充分发挥作用，也可以根据实际情况，来研发或复配表面活性剂，从而得到所需要的配方。

2. 表面活性剂的分类

表面活性剂通常按照其极性基团及其用途的不同来进行分类，也可以按照其溶解性质、相对分子质量和来源的不同来进行分类：

① 按极性基团分类可分为离子型和非离子型；

② 按溶解性分类可分为水溶性和油溶性；

③ 按相对分子质量分类可分为低分子（$M<1000$）和高分子（$M\geqslant 1000$）；

④ 按来源分类可分为天然、生物和高分子；

⑤ 按用途分类可分为渗透剂、润湿剂、乳化剂、增溶剂、分散剂、絮凝剂、起泡剂、消泡剂、杀菌剂、抗静电剂、缓蚀剂、柔软剂、防水剂、织物整理剂、匀染剂等。此外，还有特种表面活性剂（如含硅及含氟表面活性剂）。

一般地，表面活性剂按极性基团的带电性质可以分为四大类：阴离子、阳离子、非离子和两性及其他类型。

（1）阴离子表面活性剂（anionic surfactant）

阴离子表面活性剂指的是表面活性剂分子解离后由阴离子部分起活性作用的表面活性剂。

阴离子表面活性剂的分子结构通常由一个 C_8—C_{18} 的长链烃基（非极性基团）和一个亲水基团（极性基团）组成，其极性基团在水中可解离成带负电性质的阴离子基团（包括羧酸盐型、硫酸酯盐型、磺酸盐型和磷酸酯盐型），见表 1-8。日常以磺酸盐和硫酸酯盐型为主，占总消费量 97%。羧酸盐型表面活性剂在硬水中易生成沉淀而失效，另外三种表面活性剂在硬水中的性质则比较稳定。

表1-8 常用阴离子表面活性剂的通式

分类	通式	应用
羧酸盐型	RCOOMe	肥皂 $C_nH_{2n+1}COONa$，$n=16\sim18$，洗涤 硬脂酸铝 $(C_{17}H_{35}COO)_3Al$，油基压裂液的稠化
硫酸(酯)盐型	$ROSO_3Me$	十二烷基硫酸钠 $C_{12}H_{25}OSO_3Na$，起泡
磺酸盐型	RSO_3Me	十二烷基苯磺酸钠 $C_{12}H_{25}(C_4H_6)SO_3Na$，洗涤
磷酸(酯)盐型	单酯盐 $ROPO_3Me$ 双酯盐 $(RO)_2PO_2Me$	高级醇磷酸酯二钠盐和高级醇磷酸双酯钠盐，烃基的碳原子数 $n=12\sim16$，防静电

注：R 通常为 C_8—C_{18} 的长链烃基，Me 为金属离子。

羧酸盐型表面活性剂中常用的是肥皂 RCOONa、油酸钾 $C_{17}H_{33}COOK$、硬脂酸铝 $(C_{17}H_{35}COO)_3Al$ 和松香酸钠等。

硫酸酯盐型表面活性剂的市场产品以脂肪醇聚氧乙烯醚硫酸盐 AES 和脂肪醇硫酸盐 AS 为主。例如十二烷基硫酸钠 $C_{12}H_{25}OSO_3Na$，起泡作用较强，可用于牙膏，也可以用于泡沫及微泡沫钻井液的起泡剂，还可用于泡沫驱油等。

磺酸盐型表面活性剂产品以烷基苯磺酸盐 LAS 和 α-烯基磺酸盐 AOS 为主，还有磺化石蜡、酰基羟乙基磺酸盐和甲酯磺酸盐 MES，原料主要来自石油，多用作洗涤剂的原料。例如，十二烷基苯磺酸钠是洗衣粉中的主要有效组成；MES 的原料是生产生物柴油的副产物。石油磺酸盐可以将油水界面张力降至超低界面张力（10^{-3} mN/m），用于三次采油（即强化采油）的 ASP 三元复合驱，可以极大地提高原油采收率（EOR）。

磷酸酯盐型可用作乳化剂，可用于织物防静电。一般使用高级醇膦酸酯盐型，代表产品有单酯盐和双酯盐两种类型。

（2）阳离子表面活性剂（cationic surfactant）

阳离子表面活性剂指的是解离后由阳离子部分起活性作用的表面活性剂。

这类表面活性剂都是含氮有机化合物，即有机胺的衍生物，常见阳离子表面活性剂包括胺盐型、季铵盐型、吡啶盐型及咪唑啉型等，以季铵盐（烷基和酯基）型为主（表1-9）。因为胺盐在碱性溶液中易析出胺，而季铵盐表面活性剂则不会析出，所以常用的阳离子表面活性剂是季铵盐型和吡啶盐型。

表1-9 常用阳离子表面活性剂的通式

分类		通式	应用
胺盐型（amine salts）	伯胺盐	$C_nH_{2n+1}NH_3^+X^-$	十六烷基二甲基氯化胺
	仲胺盐	$C_nH_{2n+1}NHR^+X^-$	
	叔胺盐	$C_nH_{2n+1}NHR_2^+X^-$	
季铵盐型（quaternary ammoniums）		$C_nH_{2n+1}NR_3^+X^-$	十六烷基三甲基氯化铵 十二烷基二甲基苄基溴化铵
吡啶盐型（pyridine salts）		⟨N⟩$^+(C_nH_{2n+1})X^-$	十六烷基溴化吡啶

注：$n=8\sim18$，R 为 C_1—C_3 的短链烃基，X 为卤离子（如 Cl^-、Br^-）。

通常，阳离子表面活性剂的洗涤性能较差，但杀菌力强，可用于外科手术器械的消毒，也可用于农药，主要用于织物调理，也用于护发素、焗油膏和个人护理品中，常用的品种是酯类季铵盐、脂肪酸、多胺、乙氧基胺类、二烷基二甲基季铵盐等。作为化纤助剂，它有良好的抗静电性和对加工纤维的柔软性，它还是良好的染色助剂及沥青和硅油等的乳化剂。在石油工程中多用作杀菌剂、润湿剂、缓蚀剂、页岩抑制剂和黏土稳定剂或防膨剂等，例如，将季铵盐型表面活性剂用于油田开发水驱的注水，则能明显降压增注。

欧盟以脂肪腈为原料生产的二氢化动物脂二甲基季铵盐正在被生物降解性更好的酯类季铵盐替代，前者目前仅在小范围应用，油田上主要应用在钻井液上。

(3) 非离子表面活性剂

非离子表面活性剂是活性作用部分在溶液中不能解离的表面活性剂。

这类表面活性剂分子在溶液中不易受酸、碱和强电解质无机盐类的影响，在水及有机溶剂中皆有较好的溶解性能，与其他表面活性剂的相容性好，在一般固体表面上不发生强烈吸附，物理化学性质较稳定。其亲水性主要是由多元醇和聚乙二醇基（也称聚氧乙烯基）所致。氧化乙烯又称环氧乙烷（EO），能与亲油基上的活泼氢原子结合，并可以按需要结合成任意长度。当多量氧乙烯基结合在亲油基上时，氧乙烯基链越长其水溶性越好。如果适当地控制氧乙烯基长度，就可以制成由油溶性 EO（在 5mol 以下）到水溶性的各种非离子型表面活性剂。因此，该类表面活性剂以聚醚和脂肪醇醚为主，消费量仅次于聚醚的是直链脂肪醇聚氧乙烯醚（AE），还有烷基酚聚氧乙烯醚（例如，壬基酚聚氧乙烯醚 NPE 和辛基酚聚氧乙烯醚）、烷醇酰胺、烷基糖苷（APG）和多元醇酯等，见表 1-10。

表 1-10 常用非离子表面活性剂的通式

分类		通式	应用
醚型	①Peregal 型	$RO(CH_2CH_2O)_nH$	聚氧乙烯烷基醇醚，$n=1\sim45$，商品名"平平加"
	②OP 型	$RO(CH_2CH_2O)_nH$	聚氧乙烯烷基酚醚，$n=1\sim15$。当 $n=8\sim10$ 时，溶液的表面张力可达到最低。$(C_6H_5)O(CH_2CH_2O)_nH$ 为 P 型
	③Pluronic 型	$HO(CH_2CH_2O)_a[CH_2(CH_3)CHO]_b(CH_2CH_2O)_cH$	聚醚，聚氧乙烯聚氧丙烯丙二醇醚。常用四位数表示，例如 2070，20 代表聚氧丙烯部分的相对分子质量约为 2000，70 代表聚氧乙烯部分的相对分子质量占 70%，分子式中 $a=c=53$，$b=34$
酯型	①聚氧乙烯羧酸酯 ②Span 型 ③Tween 型	$RCOO(CH_2CH_2O)_nH$ 山梨糖醇酐和各种脂肪酸形成的酯 Span 型的 3 个羟基上接枝聚氧乙烯基	例如，与月桂酸、棕榈酸和油酸分别形成油溶性的 Span-20，Span-40，Span-80，即"乳化剂 S"系列。聚合度约为 20~26，可用于食品和医药；是水溶性表面活性剂，为"乳化剂 T"系列
胺型			包括聚氧乙烯胺和聚氧乙烯聚氧丙烯多乙烯多胺
酰胺型			聚氧乙烯酰胺

注：R 通常为 C_{12}—C_{18} 的长链烃基。

非离子表面活性剂在消费量上仅次于阴离子型表面活性剂，除具有良好的洗涤力外，还有较好的乳化、增溶性及较低的泡沫，在工业助剂中占有非常重要的地位。

脂肪胺聚氧乙烯醚主要用作农药乳化剂，脂肪二胺等主要用于沥青乳化。绿色环保的 APG 已用作餐具清洗剂和衣物洗涤剂，也用于浴液、洗面奶、香波、口腔护理、硬表面清洗和工业与公共设施清洁等，我国还在研究将其用于油气开采的钻井液和造纸工业中。例如，AE 可用于驱油及原油的破乳等，NPE 可用作起泡剂，其中氧乙烯基（EO）的聚合度越大，表面活性剂的亲水性越强，泡沫性能及稳定性均有所提高；相反，矿化度、压力和温度的升高均会使泡沫性能下降。但是 NPE 的生物降解性能较差，具有一定的毒性，故使用受限。

(4) 两性表面活性剂

两性表面活性剂指的是活性作用部分带两种电学性质的表面活性剂。

将非离子表面活性剂中销量最大的直链脂肪醇聚氧乙烯醚（AE）聚氧乙烯化则得直链脂肪醇聚氧乙烯醚硫酸盐（AES），可用于洗衣液配方中，AES 正逐渐替代消费量最大的 LAS。

这种表面活性剂溶于水后显示出极为重要的性质：当水溶液偏碱性时，它显示出阴离子表面活性剂的特性，水溶液偏酸性时它显示出阳离子表面活性剂的特性。在硬水甚至矿化度很高时也能很好地溶解并稳定存在。它有杀菌作用，且对人体的毒性和刺激性均很小。

蛋黄里的卵磷脂就是天然的两性表面活性剂。现在常用的人工合成两性表面活性剂，阴离子部分大多是羧酸基团，少数是磺酸基团，阳离子部分大多是胺盐或季铵盐。该类表面活性剂通常以甜菜碱型、氧化胺型和氨基酸型为主。由胺盐构成阳离子部分的叫氨基酸型，由季铵盐构成阳离子部分的叫甜菜碱型。甜菜碱等氨基酸类的两性表面活性剂分子中既有阴离子又有阳离子，在水中由于 pH 值的不同可以表现出两种类型的电性。例如，十二烷基氨基丙酸钠 $C_{12}H_{25}NHCH_2CH_2COONa$，十八烷基二甲基甜菜碱 $C_{18}H_{37}N^+(CH_3)_2CH_2COO^-$。

两性表面活性剂市场产品主要有烷基甜菜碱、烷基酰胺甜菜碱、乙酸甜菜碱和月桂基两性醋酸钠、椰油基两性醋酸钠等，主要用于个人护理品领域，如洗发液、沐浴液、洗涤灵等。消费量最大的两性表面活性剂是甜菜碱类，包括烷基甜菜碱、烷基酰胺甜菜碱和乙酸甜菜碱，主要用于香波类个人护理品，极少量的乙酸甜菜碱也用于洗涤灵中提高产品的温和性。丙氨酸两性表面活性剂一般用于婴儿浴液中。咪唑啉型的两性表面活性剂价格高于烷基甜菜碱和烷基酰胺甜菜碱，主要用于温和型洗发液中，也用作防静电剂。甜菜碱类表面活性剂在油田中常用于低矿化度驱油剂的研究。

(5) 其他类型表面活性剂

其他类型表面活性剂主要有含氟或硅的所谓特种表面活性剂、双子型、Bola 型、高分子表面活性剂及绿色表面活性剂等。

① 含氟表面活性剂。

含氟表面活性剂是碳氢链中氢原子被氟原子部分或全部取代的表面活性剂。

这类表面活性剂的分子结构与一般碳氢表面活性剂相似，也是由亲水基及亲油基组成。亲水基与碳氢表面活性剂一样，也有阴离子型、阳离子型、非离子型的各种基团。不同的是亲油基部分，碳氢链中的氢可以部分或全部被氟原子所取代，例如：全氟辛酸钾 $CF_3(CF_2)_6COOK$，全氟癸基磺酸钠 $CF_3(CF_2)_8CF_2SO_3Na$。

这类表面活性剂有如下特点：表面活性远高于碳原子数和极性基团相同的碳氢表面活性剂，即亲油性比碳氢链强；碳氟链不但憎水而且憎油，因此全氟表面活性剂不仅能大大降低水的表面张力，还能降低碳氢化合物液体的表面张力。

这类表面活性剂有高度的化学稳定性和表面活性，故耐强酸、强碱、强氧化剂和高温，可作镀铬电解槽中的铬酸雾防逸剂；在"轻水"配方中作为油类及汽油火灾的高效灭火剂；可作氟高分子单体乳胶的乳化剂；可作既防水又防油的纺织品、纸张及皮革的表面涂敷剂；可抑制挥发性有机溶剂的蒸发，还可以在冻胶压裂液中作为热稳定性较好的助排剂。

② 有机硅表面活性剂。

这类表面活性剂出现于20世纪60年代，其分子结构同含氟型一样，与一般碳氢表面活性剂相似，不同之处也在于亲油基部分，一般的碳氢链被含硅烷、硅亚甲基系或含硅氧烷链取代，成为有机硅表面活性剂的憎水基。这类表面活性剂憎水性较强，不长的硅氧烷链就能使化合物具有表面活性。在有机硅表面活性剂的分子结构中，既含有有机基团又含有硅，因而既有二氧化硅的耐高温、耐气候老化、无毒、无腐蚀、生理惰性等特点，又有一般表面活性剂的较高活性，有乳化、分散、润湿、抗静电、消泡、稳泡及起泡等性能。

有机硅还可以用作驱油剂。例如，以烯丙基聚乙二醇、环氧氯丙烷、含氢硅油和有机胺等为原料的有机硅，可将原油的界面张力降低至 0.025mN/m，将其用于 CO_2 驱油，可进一步提高原油采收率10%以上。

③ Gemini（双子、孪生或双生）型表面活性剂。

Gemini 型表面活性剂是一类双亲水基双亲油基的两亲物质。它有较高的界面活性、很低的临界胶束浓度，克拉夫特（Krafft）点较低，具有较好的增溶、润湿、起泡和钙皂分散作用。在低浓度时增黏效果显著，有较好的黏弹性和胶凝作用。Gemini 型现已有磺酸盐型、季铵盐型、二壬基苯酚综合型、甘氨酸衍生物等，除用于个人护理和其他一些化工用途外，在石油工程中可用于三采及清洁压裂液的增稠；阳离子的双子表面活性剂则有较好的协同效应。

④ 高分子表面活性剂。

高分子表面活性剂指的是相对分子质量在数千到1万以上并具有表面活性的表面活性剂，并无严格的定义，因为水溶性的高分子多具有不很高的表面活性，最早使用的是天然海藻酸钠和各种淀粉。

高分子表面活性剂有以下特点：

a. 降低表面张力的能力小，多数不形成胶束；

b. 由于相对分子质量高，故渗透力弱；

c. 起泡力差，但所形成的泡沫稳定；

d. 乳化力好；

e. 分散力或凝聚力优良。

高分子表面活性剂有以下用途：

a. 由于高分子有提高溶液黏度的作用，故高分子表面活性剂适于作增黏剂、凝胶剂；

b. 高分子表面活性剂有改变流变学的特性，可作颜料、油墨等的黏弹性调整剂；

c. 高分子表面活性剂有黏着性及强度，可作黏结剂、结合剂和纸张增强剂；

d. 高分子表面活性剂易在粒子表面上吸附，可根据其浓度而分别用作凝聚剂、分散剂、胶体稳定剂；

e. 高分子表面活性剂乳化力好，可作乳化剂；

f. 高分子表面活性剂还可作保湿剂、抗静电剂、消泡剂、润滑剂。

⑤ 绿色表面活性剂。

绿色表面活性剂是指由天然或再生资源加工的、对人体刺激性小和易于生物降解的表面活性剂。

与普通表面活性剂相同，绿色表面活性剂具有亲水基和憎水基，按其在水中是否离解来进行分类，一般可分为非离子型绿色表面活性剂和离子型绿色表面活性剂。离子型绿色表面活性剂根据溶解后的活性成分又可分为阳离子型、阴离子型和两性离子型。常见的绿色表面活性剂有 α-磺基脂肪酸甲酯（MEC）、烷基糖多苷（APG）、葡萄糖酰胺（APA）、醇醚羧酸盐（AEC）、单烷基磷酸酯（MAP）、烷基葡萄糖酰胺（MECA）。

与传统表面活性剂相比，绿色表面活性剂具有天然性、温和性、刺激性小等优良特点。在实际应用时，绿色表面活性剂具有高效强力去污性、乳化性、洗涤性、增溶性、润湿性、溶解性和稳定性、优良的配伍性及良好的环境相容性等。此外，每一种绿色表面活性剂还有其特有的性能，例如，MEC 在低浓度下就具有表面活性、耐硬水，单烷基磷酸酯具有优良的起泡乳化性、抗静电性能以及特有的皮肤亲合性。

常用绿色表面活性剂有以下几类：

a. 烷基聚葡萄糖苷类。烷基糖苷（APG）是新一代环保型绿色表面活性剂，由天然或再生资源的原料，如淀粉中的葡萄糖与脂肪醇反应得到非离子表面活性剂烷基多苷，属新型的非离子表面活性剂，具有优良的发泡性能、对人体刺激性小、易被生物降解等特点，表面张力低，去污力好，泡沫丰富细腻，配伍性强，与任何类型表面活性剂协同效应明显，具有较强的广谱抗菌活性，产品易于稀释，无浊点、无疑胶现象，使用方便，而且耐强碱、抗盐性强。烷基糖苷生产所用原料是口服葡萄糖和脂肪醇，此产品由于其无毒、无刺激，将是传统表面活性剂的替代产品，具有广阔的应用前景，广泛应用于农药中间体、洗涤剂、化妆品、食品、医药、消防、纺织、印染、石油等工业领域。

b. 脂肪醇聚氧乙烯醚硫酸盐。脂肪醇聚氧乙烯醚硫酸盐（AES）是由高级脂肪醇与环氧乙烷进行加成反应，制得脂肪醇聚氧乙烯醚再经硫酸化而得的。AES 是一类重要的阴离子表面活性剂，它具有优良的抗硬水性发泡性和低温性能，生物降解迅速，对皮肤刺激性小，与酶的配伍性好，而且溶液透明稳定并易于被电解质调节增加黏度，因而被广泛应用于液体洗涤剂、低磷和无磷洗涤剂以及个人保护用品中，也是我国阴离子型绿色表面活性剂的主流产品。这类新产品包括异构脂肪醇硫酸盐（GAS）和磷酸盐（GAP）以及异构脂肪醇聚氧乙烯醚硫酸盐和磷酸盐（GAES 及 GAEP）。

c. 脂肪醇聚氧乙烯醚羧酸盐（AEC）。AEC 是一种性能优良的新型绿色表面活性剂，其最显著的特点在于具有优良的化学稳定性和安全性。AEC 的生物降解性好，对皮肤温和，对眼黏膜刺激性小，对酶活性影响小。AEC 的 LD50（即 Lethal Dose 50%，在毒理学中指半数致死量）为 4000mg/kg，安全无毒。此外，其润湿性优良去污能力超过相应的醇醚化合物。值得一提的是，AES 在生产过程中生成致癌物二噁烷的问题受到人们的普遍关注，而 AEC 的生产条件温和，无二噁烷生成，因此 AEC 被认为是 AES 的升级换代产品。该类产品正向万吨级大品种发展，主要产品是脂肪酰胺聚氧乙烯醚羧酸盐。

d. 脂肪酸甲酯磺酸盐（MES）。MES 是新一代的绿色表面活性剂，研究开发 MES 的历史已长达半个世纪。几十年来，几乎所有著名的洗涤剂公司都曾在 MES 上花费过不少的心力，并高度肯定和赞赏 MES 的优越性能，它基于天然原料或可再生资源，生物降解性好，属环保型绿色产品。MES 性能温和，对人体的刺激性及毒性低于直链烷基苯磺酸盐 LAS，与 AS、AES 相当。无口服毒性，实际上对水生物无毒。洗涤性好，在冷水和硬水中都能保持良好的洗涤性能，去污力高于 LAS 和 AS，在硬水中差距更加明显，这正是 LAS 的主要弱点。无磷特性优于 LAS，在没有碱、缺少三聚磷酸钠的情况下，LAS 去污能力大打折扣，

MES 却减效很少,所以特别适合于生产无磷/低磷环保型洗涤剂。尽管 MES 拥有上述种种优点,其实际年产量却长期在 2 万吨上下徘徊,商业推广主要受制于生产与配方的问题,即颜色深,漂白过程中易水解成洗涤性能差的副产物二钠盐,在碱性有水条件下热稳定性差,难于配方。

e. 可生物降解的 Gemini 表面活性剂。Gemini 表面活性剂具有特殊的分(离)子结构。单体表面活性剂分(离)子通常由一条疏水链和一个亲水基组成,而 Gemini 表面活性剂分(离)子通常由两或三条疏水链、两个亲水基和一个连接基组成(连接基靠近亲水基部位),连接基可以是亲水性的,也可以是疏水性的。与单体表面活性剂相比较,Gemini 表面活性剂具有很多优良性质:很高的表面活性;很低的 Krafft 点和很好的水溶性;在降低水的表面张力方面表现出更高的效率,和单体表面活性剂间的复配能产生更强的协同效应;良好的钙皂分散性能;更强的降低油/水界面张力的能力;对油的增溶能力更强;对皮肤的刺激性更小等。Gemini 表面活性剂是新产品中的佼佼者,只因 Gemini 产品成本高,工业化少,到目前只有两个工业化的产品。

f. 聚环氧琥珀酸。聚环氧琥珀酸(PESA)是 20 世纪 90 年代初由美国 Betz 实验室首先开发出来的一种无磷无氮的绿色生物可降解缓蚀阻垢剂。PESA 既具有良好的阻垢性能,又无磷、无氮,且易生物降解,适用于高碱高固水系,可用于锅炉水处理、冷却水处理、污水处理、海水淡化、膜分离等。其阻垢性能和缓蚀性能都明显优于聚丙烯酸钠、聚马来酸和酒石酸等。由于制造工艺清洁,使用后的 PESA 能被微生物或真菌高效、稳定地降解成环境无害的最终产物,因此被认为是一种"环境友好"的绿色化学品,已成为国内外水处理剂研制、开发的热点,近年来国外在这方面的发展较快。

g. 聚天冬氨酸。聚天冬氨酸是以天冬氨酸或马来酸为原料,在催化剂作用下聚合而成的,广泛应用于冷却水、锅炉用水处理及脱盐、脱糖回收、反渗透等过程中的水处理中,特别是在石油生成的油井钻探装置中,是碳酸钙、硫酸钡和硫酸钙沉淀的抑制剂。国外对聚天冬氨酸的合成、结构和性能等作了研究,并开始了工业化应用。国内也已展开了广泛的研究。聚天冬氨酸类水处理剂因具有优良的生物可降解性和较高的阻垢性能,被认为是一种真正的绿色阻垢剂。

3. 表面活性剂溶液

表面活性剂分子是两亲分子,表面活性剂的性能、理论和应用等都是围绕其分子的两亲特性展开的。表面活性剂分子结构中非极性的亲油基团部分通常相同,多是 $C_8—C_{18}$ 的碳氢链,主要区别是极性的亲水基团部分,故而通常根据其亲水基团的不同来进行分类。非极性基团的亲油性能和极性基团的亲水性能不同,其溶解性也不同,故有油溶性和水溶性表面活性剂之分。

1) 离子型表面活性剂的溶解性与克拉夫特点

一般而言,表面活性剂的亲水性越强,其在水中的溶解度越大。反之,其亲油性越强,则越溶解于油。因此,表面活性剂的亲水性和亲油性可以用溶解度或与溶解度有关的性质来衡量。

在低温时,离子型表面活性剂的溶解度越低,随着温度的升高其溶解度缓慢增加,达到某一温度后其溶解度突然迅速增加。离子型表面活性剂的溶解度陡增时的温度(实际上是在一个小的温度范围内)称为克拉夫特温度(Krafft temperature)。在此温度时,其溶解度等于临界胶束浓度（CMC）。在肥皂工业中，"克拉夫特点"以某个温度表示，低于该温度时透明的肥皂溶液变得混浊。一般地，同系物的碳氢链越长，其Krafft点的温度越高。常用离子型表面活性剂的Krafft点见表1-11。

表1-11 典型离子型表面活性剂的Krafft点

表面活性剂	Krafft点, ℃	表面活性剂	Krafft点, ℃
$C_{12}H_{25}SO_3Na$	38	$C_{10}H_{21}COOC(CH_2)_2SO_3Na$	8
$C_{14}H_{29}SO_3Na$	48	$C_{12}H_{25}COOC(CH_2)_2SO_3Na$	24
$C_{16}H_{33}SO_3Na$	57	$C_{14}H_{29}COOC(CH_2)_2SO_3Na$	36
$C_{12}H_{25}OSO_3Na$	16	$C_{10}H_{21}OOC(CH_2)_2SO_3Na$	12
$C_{14}H_{29}OSO_3Na$	30	$C_{12}H_{25}OOC(CH_2)_2SO_3Na$	26
$C_{16}H_{33}OSO_3Na$	45	$C_{14}H_{29}OOC(CH_2)_2SO_3Na$	39
$C_{10}H_{21}CH(CH_3)C_6H_4SO_3Na$	32	$n-C_7H_{15}SO_3Na$	56
$C_{12}H_{25}CH(CH_3)C_6H_4SO_3Na$	46	$n-C_8H_{17}SO_3Li$	<0
$C_{14}H_{29}CH(CH_3)C_6H_4SO_3Na$	54	$n-C_8H_{17}SO_3Na$	75
$C_{16}H_{33}CH(CH_3)C_6H_4SO_3Na$	61	$n-C_8H_{17}SO_3K$	80
$C_{16}H_{33}OCH_2CH_2OSO_3Na$	36	$n-C_8H_{17}SO_3KNH_4$	41
$C_{16}H_{33}(OCH_2CH_2)_2OSO_3Na$	24	$n-C_7H_{15}COOLi$	<0
$C_{16}H_{33}(OCH_2CH_2)_3OSO_3Na$	19	$n-C_7H_{15}COONa$	8

2）非离子型表面活性剂的溶解性与浊点

非离子型表面活性剂的亲水基主要是聚氧乙烯基，其水溶液随温度的升高会逐渐分离成两相而变成非均相，即非离子型表面活性剂的溶度下降甚至析出。混浊温度值取决于溶液的浓度。反之，将已呈现混浊的某些非离子表面活性剂水溶液冷却，则会在某一温度变成澄清的均相，此澄清温度按"浊点"来测定。使非离子表面活性剂水溶液呈现浑浊的最低温度称为"浊点"（cloud point）。

4. 表面活性剂的亲水亲油平衡值（HLB）

表面活性剂分子对水和油的亲和能力大小可以用亲水亲油比（hydrophilic-lipophilic ratio）表示，也称作亲水亲油平衡值（HLB）。该数值的估算一般仅与乳化剂有关，通常用于乳化剂的选择。

1949年，Griffin提出按HLB值大小对表面活性剂分类以节省按预期性能选择乳化剂、润湿剂、增溶剂和洗涤剂等的实验工作量。HLB值的加和性可预测混合表面活性剂的HLB值。他提供了两个测算非离子表面活性剂HLB值的公式及测定HLB值的方法——乳化法。

表面活性剂的HLB值标准为：石蜡HLB=0、油酸HLB=1、油酸钾HLB=20、十二烷基硫酸钠HLB=40。其他表面活性剂的HLB值可用乳化实验对比其乳化效果来决定，也可用有关公式计算，非离子型表面活性剂的HLB=1~20，阴离子和阳离子表面活性剂的HLB=1~40。

1）计算HLB值的方法

（1）HLB值的估计法

该方法由表面活性剂在水中的溶度估计HLB值，见表1-12和表1-13。

表1-12　浊度法测定 HLB 值对照表

表面活性剂在水中的性状	HLB 值范围	表面活性剂在水中的性状	HLB 值范围
不分散	1~4	稳定的乳状分散体	8~10
分散不好	3~6	半透明至透明分散体	10~13
强烈搅拌后可得乳状分散体	6~8	透明溶液	>13

表1-13　HLB 值范围及应用

HLB 值范围	应用	HLB 值范围	应用
1~3	消泡作用	12~15	润湿作用
3~6	油包水型乳化作用	13~15	去污作用
7~18	水包油型乳化作用	15~18	增溶作用

(2) 计算 HLB 值的基团数法

Davies (1957) 把 HLB 看成是整个表面活性剂分子中各单元结构（即亲水基和亲油基）的作用总和，这些基团各自对 HLB 有不同的贡献（即对不同的基团指定不同的基数），将各基团的基数加和起来，就是表面活性剂分子的 HLB 值（表1-14），公式如下：

$$HLB = 7 + \sum(\text{亲水基的基数}) - \sum(\text{亲油基的基数}) \tag{1-16}$$

表1-14　一些基团的 HLB 基数

亲水基	基数	亲油基	基数
—SO_4Na	38.7	CH	0.475
—COOK	21.1	CH_2—	0.475
—COONa	19.1	CH_3—	0.475
—SO_3Na	11.0	=CH—	0.475
N(叔胺)	9.4	—C_3H_8O—	0.150
酯(失水山梨醇环)	6.8	—CF_2—	0.870
酯(自由)	2.4		
—COOH	2.1		
—OH	1.9	—CF_3	0.870
—O—	1.3		
—O(失水山梨醇环)	0.5		
—C_2H_4O—	0.33		

(3) 质量百分数法

质量百分数法适用于有聚氧乙烯基的非离子型表面活性剂的 HLB 值计算，公式如下：

$$HLB = \frac{\text{亲水基质量}}{\text{表面活性剂分子量}} \times 20 \tag{1-17}$$

(4) 混合表面活性剂的 HLB 值

混合物表面活性剂的 HLB 值具有加和性，按其组成的质量分数加以计算，公式如下：

$$HLB_{A,B} = HLB_A \cdot A\% + HLB_B \cdot B\% \tag{1-18}$$

2) 关于 HLB 值的几个问题

(1) 温度对 HLB 值的影响—转相温度概念

HLB 值的缺陷主要是没有考虑温度的影响。非离子型表面活性剂（特别是含有聚氧乙烯基的）随着温度的升高，水化作用减弱，亲水性降低，即 HLB 值减小。显然，若以此活性剂作乳化剂，则低温时易形成 O/W 型乳状液，高温时易形成 W/O 型乳状液。对于给定的乳状液体系，均存在一特定的转相温度（PIT），在此温度时该乳化剂的亲水亲油性质恰好平衡。显然，PIT 不仅与乳化剂的本性有关，它也反映了油和水两相性质的影响。

(2) 表面活性剂的乳化能力

HLB 值的大小可以说明该表面活性剂在乳化时所能形成的乳状液类型是 O/W 型还是 W/O 型，但不能说明该表面活性剂乳化能力的大小，表示表面活性剂乳化能力大小有以下三个方法：

① 效能（effectiveness），即乳化能力。它是以加入表面活性剂后使溶剂（水）的表面能力降至最低值来衡量的，而不管表面活性剂浓度的大小。这实际上是以在 CMC 时的表面张力表示的。因为当表面活性剂浓度超过 CMC 时，表面张力不再下降。

② 效率（efficiency），表面活性剂的效率，即乳化效率。它是指将溶剂（水）的表面张力降至某一定值所需的表面活性剂浓度。对比不同表面活性剂的乳化效率时，所用浓度小者则效率高，而不问该表面活性剂可能将水的表面张力降至何种程度。

③ 效果（effect），这是一种习惯表示法，即以一定浓度的表面活性剂溶液（通常为 1g/L 的浓度）所能降低的表面张力来表示表面活性剂的效果。表面张力降得越低，效果就越好。这种表示方法较为简便易行。

5. 临界胶束浓度

一般表面活性剂稀溶液的性质与正常强电解质溶液相似，但高浓度时却有显著不同。这一反常现象，是由于表面活性剂分子或离子自动缔合成胶体大小的质点即胶束（micelle）引起的。所谓胶束（micelle），是指在高于一定的临界浓度的表面活性剂溶液中，由分子或离子组成的聚集体。胶束开始明显形成时的溶液浓度称为临界胶束浓度（critical micellization concentration，CMC）。

在表面活性胶束溶液中，胶束和离子之间处于平衡状态。从热力学观点看，这种具有表面活性的缔合胶体溶液是稳定体系。临界胶束浓度是表面活性剂在溶液中的特定浓度（实际上在一个窄的浓度范围内），在高于此浓度时，胶束的出现和增多会引起浓度与溶液的某些物理化学性质之间关系的突然变化。例如，浓皂液的电导率与强电解质溶液相比有明显偏差，渗透压变化等依数性也都远比自理想溶液理论计算出的低（图 1-15）。CMC 可以用代表 CMC 以上和以下关系的两条曲线外推的交点来测定。例如，图 1-16 表示其物理化学性质（电导率）随浓度的平方根变化。CMC 在一定程度上取决于考察时的性质和测定此性质所选择的方法。

在离子型表面活性剂溶液中，单个表面活性剂离子与胶束之间可以建立平衡。此种平衡应受溶液浓度的影响，当浓度较小（即低于 CMC）时，溶液中主要是单个的表面活性剂离子；当浓度较大或接近 CMC 时，溶液中将有少量小型胶束，如二聚体或三聚体等；在浓度 10 倍于 CMC 或更大的浓溶液中，或在稀的表面活性剂溶液中外加盐时，则胶束的不对称性增加，通常为棒状，使大量表面活性剂分子的碳氢链与水接触面积缩小，有更高的热力学稳

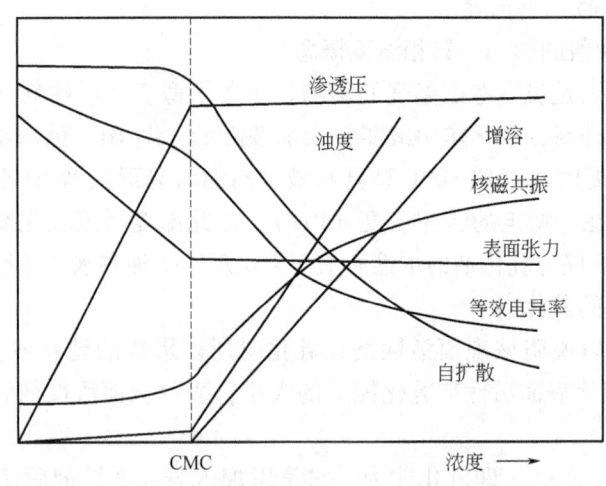

图 1-15 表面活性剂溶液性质的依数性变化

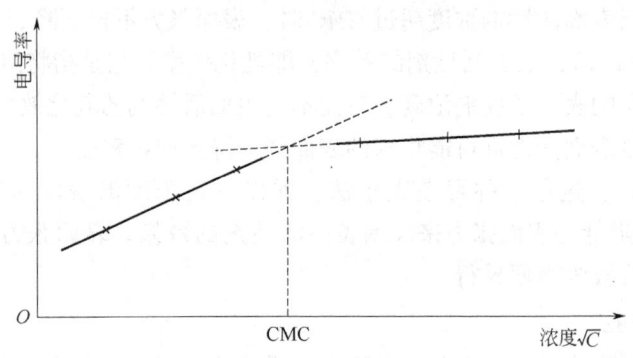

图 1-16 电导率和浓度平方根的关系

定性。亲水基团构成棒状胶束的表面，内核由亲油基团构成。某些棒状胶束还有一定的柔顺性，可以蠕动。当浓度更大时，就形成巨大的层状胶束。若在活性剂浓水溶液中加入适量的非极性油和醇，则可能形成微乳液等。

胶束大小的量度是胶束聚集数（N_{agg}），即缔合成胶束的表面活性剂分子（或离子）数。常用光散射法测量胶束聚集数，即先用光散射法测出胶束相对分子质量（即胶束量），再除以表面活性剂单体的相对分子质量就得到胶束聚集数。也可用扩散—黏度法、电泳淌度法、超离心法等测定，见表 1-15。

表 1-15　某些离子型表面活性剂的 CMC 和 N_{agg}

表面活性剂	溶剂	CMC, mmol	N_{agg}
SDS	水	8.1	58~80
	0.02mol/L NaCl	3.82	94
	0.03mol/L NaCl	3.09	100
	0.10mol/L NaCl	1.39	112~91
	0.20mol/L NaCl	0.83	118~105
	0.40mol/L NaCl	0.52	126~129

续表

表面活性剂	溶剂	CMC, mmol	N_{agg}
碘化十二烷基吡啶	水	5.60	87
	0.0025mol/L KI	4.53	90
	0.0050mol/L KI	3.87	94
	0.0100mol/L KI	2.94	124
C_8E_6	水	9.9	41
$C_{10}E_6$	水	0.95	260
$C_{12}E_6$	水	0.068	1400(35℃) 400(25℃)

临界胶束浓度的影响因素如下：

① 同系物中，若亲水基相同，亲油基中的碳氢链越长则 CMC 越小，离子型和非离子型的表面活性剂都如此。

② 亲油基中的烷烃基相同时，非离子型表面活性剂的 CMC 比离子型的小得多（约小 100 倍）。

③ 亲油基中烷烃基相同时，无论是离子型还是非离子型表面活性剂，不同的亲水基对 CMC 影响较小。一般来说，亲水基的亲水性强时其 CMC 较大。

④ 分子中原子种类和个数皆相同的表面活性剂，亲水基支化程度高者 CMC 越大。

⑤ 含氟表面活性剂（特别是全氟的）比同类型、同碳原子数的表面活性剂的 CMC 小得多。

⑥ 与表面活性剂电性相反的离子价数越高，作用越强烈。在低浓度时无机盐对非离子型表面活性剂不敏感。

⑦ 长链极性有机物如醇的碳氢链越长，降低 CMC 的能力越大。对非离子型表面活性剂 CMC 的影响则不同，浓度越大，CMC 增加。

⑧ 表面活性剂混合物对 CMC 的影响的问题起因于工业生产的表面活性剂往往是表面活性剂的混合物，对于非离子型的表面活性剂往往还有聚氧乙烯基聚合度不同的问题。

6. 表面活性剂的作用

1) 吸附作用

在一定的温度和压力下，吸附量与溶液浓度和表面张力之间的关系，可用 Gibbs 吸附公式来表示。

（1）Gibbs 吸附公式

表面吸附量 Γ 的定义为：单位面积的表面层所含溶质的物质的量比同量溶剂在本体溶液中所含溶质的物质的量的超出值，公式为

$$\Gamma = -\frac{c}{RT}\left(\frac{d\sigma}{dc}\right)_T \tag{1-19}$$

式中，Γ 可近似认为是表面浓度，mmol/m²；c 为表面活性剂的浓度，mol/L；σ 为溶液的表面张力，mN/m；T 为热力学温度，K；R = 3.314 J/(mol·K)。

（2）Gibbs 吸附公式物理意义及应用

Gibbs 吸附公式中，当 $d\sigma < 0$，即增加浓度使表面张力下降时，$\Gamma > 0$，溶质在表面层发生

正吸附；当 dσ/dc>0，即增加浓度使表面张力上升时，Γ<0，溶质在表面层发生负吸附。

饱和吸附时，本体浓度与表面浓度相比很小，可以忽略不计。因此可以将饱和吸附量 Γ_∞ 近似看作是单位表面上溶质的物质的量。所以，可以由 Γ_∞ 值计算每个吸附分子所占的面积，即分子横截面积 A：

$$A = \frac{1}{\Gamma_\infty L} \tag{1-20}$$

式中，A 为分子横截面积，一般很小，nm^2；Γ_∞ 为饱和吸附量，$mmol/m^2$；L 为 Avogadro 常数。

计算结果一般比用其他方法所得值稍大，因为实际上表面层中完全被溶质分子占据而没有溶剂分子是不可能的。吸附层厚度 $\delta = \Gamma_\infty M/\rho$。

2）润湿作用

（1）黏附功

黏附功是指单位面积的气—固界面和气—液界面相接触时，体系界面自由焓的变化。当体系自由焓降低时，向外做功，即黏附功，计算公式为

$$W_a = \sigma_{g-l} + \sigma_{g-s} - \sigma_{l-s} = \sigma_{g-l}(1+\cos\theta) \tag{1-21}$$

式中，W_a 为黏附功，J/m^2（由定义确定）；σ_{g-l}、σ_{g-s}、σ_{l-s} 分别表示气—液、气—固及液—固的表面张力，mN/m（计算时要注意单位换算）；θ 为润湿角（或接触角），(°)。

黏附功越大，体系越稳定，表示液—固界面结合越牢固，液体极易在固体上黏附。

（2）润湿热

固体和液体接触时，特别是粉末固体，实际上可看作气—固界面转变为液—固界面的过程，而液体表面并没有变化。因此，这个过程也可以称为浸润过程（immersion），故润湿热（heat of wetting）实际上是浸润热。与前述讨论相似，在恒温恒压下，若浸润面积为一个单位面积，则此过程中体系表面自由焓的变化为

$$\Delta G = \sigma_{l-s} - \sigma_{g-s}$$

式中，ΔG 的单位为 J/m^2。

浸润功为

$$W_i = \sigma_{g-s} - \sigma_{l-s} \tag{1-22}$$

式中，W_i 称为浸润功，它的大小可以作为液体在固体表面上取代气体能力的量度。

显然，$W_i > 0$ 是液体浸润固体的条件。另一方面，当液体浸润固体时，由于固—液分子间的相互作用必然要释放出热量，此热量称为润湿热（或浸润热），它来源于表面自由焓的减少。既然润湿热能反映固—液分子间相互作用的强弱，因此极性固体（如硅胶、二氧化钛等）在极性液体中的润湿热较大，在非极性液体中的润湿热较小。而非极性固体（如石墨、高温热处理的炭或聚四氟乙烯等）的润湿热一般总是很小的。

例如硅胶在水中的润湿热随着表面憎水化程度的增加，润湿热显著减小。固体润湿热的大小还与固体的粒子大小和比表面积有关，所以润湿热的单位也可用单位表面积所释放的热量表示。

（3）铺展

铺展（spreading）过程表示在液—固界面取代气—固界面的同时，气—液界面也扩大了同样的面积。

在恒温恒压下当铺展面积为一个单位面积时，体系表面自由焓的降低或对外做的功 S 为

$$S = \sigma_{g-s} - (\sigma_{l-s} + \sigma_{g-l}) \tag{1-23}$$

式中，S 称为铺展系数（实为铺展功）。当 $S>0$ 时，液体可以在固体表面上自动铺展。

以接触角 θ 的大小作为各类润湿能否进行的判据，见表 1-16。

表1-16 液体润湿固体的判断依据

对外所做的功	条件	判断依据
黏附功	$W_a \geq 0$	$\theta \leq 180°$
浸润功	$W_i \geq 0$	$\theta \leq 90°$
铺展系数	$S \geq 0$	$\theta = 0°$（$<0°$不存在）

可见，铺展是润湿的最高标准，凡能铺展，必能浸润，更能黏附。

(4) 润湿剂

能有效改善液体在固体表面润湿性质的表面活性剂，称为润湿剂。

由润湿转变为不润湿的过程中所用表面活性剂在固体表面上必须有很强的吸附作用，这要求表面活性剂分子有特殊的结构。在水的介质中，小的高支链结构的表面活性剂分子是优良的润湿剂。离子型表面活性剂不能作为带相反电荷基质的润湿剂，例如对带负电荷的基质，不能用阳离子型表面活性剂作润湿剂。

润湿转化过程中通常使用阴离子型和非离子型表面活性剂，最常用的是渗透剂 OT，还有十二烷基苯磺酸钠、十二烷基硫酸钠、烷基萘磺酸钠或油酸丁酯硫酸钠等，但是前三种起泡多。反润湿转化中常使用氯化十二烷基吡啶。

润湿剂作为促集剂（如黄原酸盐 ROCSSNa 易被 Mo、Cu 等在矿脉中的硫化物吸附）可用于许多重要金属的"泡沫浮选"，使矿粉表面由亲水变为亲油，鼓入空气后，矿粉则附在气泡上并和气泡一起浮出水面而被捕集。

润湿剂用于采油，在生产油井附近的注水井中注入含有润湿剂的活性可以增加对砂岩的润湿性，从而提高注水的驱油效率，增加产量。

润湿剂还可使农药的液滴易于在枝叶的表面上铺展，待水分蒸发后，枝叶表面上即留有薄薄一层农药，增强了农药对枝叶的润湿性。另外，油漆中颜料的分散、机器用润滑油、彩色胶片中感光剂的涂布等多与润湿有关。

3) 增溶作用（solubilization）

增溶作用又称为加溶作用。

(1) 增溶作用的特点

增溶作用不同于溶解，虽然碳氢化合物被增溶后能形成非常类似真溶液的稳定体系，但实验证明，这类体系不同于真溶液，溶液的依数性值比相应的真溶液小得多，这表明增溶时溶质并未拆散成单个分子或离子，而很可能是"整团"地溶解在肥皂溶液中，因为只有这样，质点的数目才不致有显著的增加。

增溶作用也不同于乳化作用。乳化时，苯是以小液滴形式分散在水中的。显然乳状液体系具有较大的界面，是热力学不稳定体系，最终苯和水是要分层的。发生增溶作用时，被增溶物的蒸气压下降。增溶作用是一个可逆的平衡过程，而乳状液或其他胶体溶液却无此性质。

苯、己烷、异辛烷等一些非极性的碳氢化合物在水中的溶解度非常小。但浓度达到或超过 CMC 的表面活性剂水溶液却能"溶解"相当量的碳氢化合物，形成完全透明、外观与真溶液非常相似的系统。

例如，浓的肥皂水可以溶解甲苯酚等有机物，室温下苯在水中的溶度很小，100g 水只能溶解约 0.07g 苯，而 100g 1% 的油酸钠溶液可以溶解约 9g 苯。可见是胶束产生的增溶作用。在胶束内部，相当于液态的碳氢化合物。根据性质相近相溶原理，非极性有机溶质较易溶于胶束内部的碳氢化合物之中，这就形成了增溶现象。因此，只有表面活性剂的浓度达到临界胶束浓度以上，有胶束形成时，才能有增溶作用。

（2）影响增溶作用的因素

① 表面活性剂的结构。

当表面活性剂具有相同的亲油链长时，不同类型表面活性剂增溶烃类和极性化合物的顺序为

非离子型>阳离子型>阴离子型

极稀溶液中非离子型表面活性剂有较低的 CMC，故比离子型表面活性剂有较强的增溶能力。聚乙二醇醚类非离子型表面活性剂在一定温度下对脂肪烃类的增溶量与表面活性剂本身的结构有关，当表面活性剂中的亲油基长度增加或聚氧乙烯链的长度减少时增溶能力增加。

阳离子型表面活性剂之所以比阴离子型表面活性剂的增溶能力大，可能是由于在胶束中的表面活性剂分子堆积较松的缘故。同系的钾皂中碳氢链越长，对甲基黄染料的增溶能力越大。对乙基苯的增溶也有相似的规律。对于烃类，二价金属烷基硫酸盐较之相应的钠盐有较大的增溶能力，因为前者具有较大的胶束聚集数和体积。直链的表面活性剂较相同碳原子数的支链表面活性剂的增溶能力大，因为后者的有效链长较短。

② 被增溶物的结构。

一般极性化合物比非极性扮物易于增溶；芳香族化合物比脂肪族化合物易于增溶；有支链的化合物比直链化合物易于增溶。脂肪烃类和烷基芳基烃类的增溶量随链长增加而减少，稠环芳烃的增溶量随相对分子质量增大而减小。但对于具体的表面活性剂，上述规律可能有所变化。

③ 电解质。

无机盐能降低离子型活性剂的 CMC，有利于增加表面活性剂的增溶能力。中性电解质能增加非离子型表面活性剂对烃类的增溶量，这主要是因为加入电解质后胶束的聚集数增加。

④ 温度。

升温能增加极性和非极性物质在离子型表面活性剂中的增溶量，这是由于温度升高后热扰动增强，从而增大了胶束中提供增溶的空间。

对于非离子型表面活性剂，升温的影响与被增溶剂的性质有关。若被增溶物为非极性物质，则温度的升高溶解度增加，接近于浊点时胶束聚集数剧增，必然会使它们的增溶量提高。但对极性物质来说，随着温度的升高而至浊点时，增溶量常出现一最大值。因为聚氧乙烯链脱水，减少了亲水链的"外层"空间。

4）起泡作用

泡沫是气体分散在液体中所形成的体系。通常，气体在液体中能分散得很细，但由于表面能，又由于气体的密度总是低于液体，因此进入液体的气体要自动地逸出，所以泡沫也是

一个热力学不稳定体系。

（1）起泡

只有借助于表面活性剂（起泡剂）使之形成较稳定的泡沫，这种作用就是起泡。起泡机理大致有以下 4 个方面：

① 表面活性剂能降低 σ，使泡沫体系相对稳定；

② 在气泡的液膜上形成双层吸附，亲水基在液膜内形成水化层，液相黏度增高，使液膜稳定；

③ 表面活性剂的亲油基相互吸引、拉紧，使吸附层的强度提高；

④ 离子型表面活性剂电离使泡沫荷电，斥力阻碍其接近和聚集。

使起泡性能好的物质叫起泡剂，主要是十二酸钠、十四烷基硫酸钠和十四烷基苯磺酸钠等表面活性剂，也可以是固体粉末和明胶等蛋白质，它们在气泡的界面上形成坚固的保护膜，使泡沫稳定。泡沫体系中还须有稳泡剂，主要作用是提高液体黏度，增强泡沫的厚度与强度。如泡沫钻井液中所加的起泡剂为 C_{12}—C_{14} 烷基苯磺酸钠或烷基硫酸盐，稳泡剂是 C_{12}—C_{16} 的脂肪醇及聚丙烯酰胺等高聚物。日用香波中多加脂肪醇酰胺类稳泡剂。

（2）消泡

消泡剂实际上是一些表面张力低、溶解度较小的物质，如 C_5—C_6 的醇类或醚类、磷酸三丁酯、有机硅等。消泡剂的表面张力低于气泡液膜的表面张力，容易在气泡液膜表面顶替原来的起泡剂，而使本来由于链短又不能形成坚固的吸附膜，故产生裂口，泡内气体外泄，导致泡沫破裂，起到消泡作用。

5）乳化作用（emulsification）

乳化作用是指表面活性剂使乳状液易于产生并在产生后有一定稳定性的作用。这类表面活性剂常称为乳化剂（emulsifier），乳化剂吸附于油水界面，使油水界面张力变小，因而乳状液有一定的稳定性。乳状液在油田化学中用得较多，例如，钻井液中用于钻复杂地层的油包水乳化钻井液；采油中使用乳化酸来对地层进行酸化处理，可以延长酸的作用时间并防止腐蚀管线；由地下采出的原油一般为油与水的乳状液，需考虑破乳（demulsion），即乳化的逆过程。

乳状液一般有两种类型，即油包水（W/O）型和水包油（O/W）型，所用的乳化剂也分别称为油包水型乳化剂和水包油型乳化剂。可以根据乳化剂的 HLB 值进行选择：HLB 值低，则亲油性强，适宜作 W/O 型乳化剂；HLB 值高，则亲水性较强，适宜作 O/W 型乳化剂。一般地，O/W 型乳化剂的 HLB = 8~18，W/O 型乳化剂 HLB = 3~6。根据相似相溶原理，乳化剂与分散相（如油）的结构越相似越好，这样分散效果较好，所用的乳化剂也较少。分散相与乳化剂的结构相差较大时，通常应用混合乳化剂，可以通过表面活性剂的 HLB 值来进行计算和选择。表 1-17 列出了乳化不同种类油所需的乳化剂的 HLB 值。

表 1-17　乳化不同种类油所需乳化剂的 HLB 值

油	乳状液的 HLB 值		油	乳状液的 HLB 值	
	W/O	O/W		W/O	O/W
石蜡	4	9.0	芳烃矿物油	4	12
蜂蜡	5	9.0	重矿物油	4	10.5

续表

油	乳状液的 HLB 值		油	乳状液的 HLB 值	
	W/O	O/W		W/O	O/W
微晶蜡	—	9.5	煤油	4~5	10~12
石蜡油	4	7~8	石油	—	12~14
烷烃矿物油	4	10.0			

6) 洗涤和去污作用

水的表面张力大,而且对油质污垢的润湿性差,只靠水是不能去污的。表面活性剂的去污作用是一个很复杂的过程,它与渗透、乳化、分散、增溶以及起泡等各种因素有关。这些作用的效果受污垢的组成、纤维的种类和污垢附着面的性状等影响,因此在去污过程中究竟起到何种程度的作用,目前还不十分清楚。

7) 分散和絮凝

(1) 分散

固体粉末均匀地分散在某一种液体中的现象,称为分散。固体粉末混入液体后往往会聚结而下沉,加入某些表面活性后便能使颗粒稳定地悬浮在溶液之中。例如,洗涤剂能使油污分散在水中,表面活性剂能使颜料分散在油中而成为油漆,使黏土分散在水中成为泥浆等。

另一方面,生产中经常需要使悬浮在液体中的颗粒相互凝聚,用表面活性剂也能达到这一目的,这就叫表面活性剂的絮凝作用。例如,可用絮凝作用来解决工业污水的净化问题。

(2) 絮凝

与分散作用相反,例如,黏土颗粒表面荷负电,阳离子型表面活性剂能中和其表面的负电荷,使黏土表面具有亲油性,从而增大了与水的界面张力,使黏土颗粒易于聚结变大而絮凝。另外,具有吸附基团的表面活性剂高分子,能与颗粒一起产生架桥吸附,使颗粒发生絮凝。

表面活性剂起分散或絮凝作用,与固体表面性质、介质性质及表面活性剂性质有关。

第三节 高分子化学

高分子化合物(macromolecule compound)是指那些由众多原子或原子团主要以共价键结合而成的相对分子质量在 10000 以上的化合物。若高分子是由一种或几种低分子通过反应生成的,则又称为聚合物(polymer),即分子结构由重复单元组成的高分子化合物。

由于高分子的相对分子质量较大,所以相对于低分子而言,有五个特点:相对分子质量大,组成简单、结构有规则,分子形态多样,具有平均相对分子质量及多分散性,物性不同于低分子同系物。

高分子的相对分子质量一般在 10000 以上,通常由一些符合特定条件的低分子有机物通过聚合反应并按照一定规律连接而成。这些能够进行聚合反应,并构成高分子基本结构组成单元的小分子化合物,又称为单体(monomer)。绝大多数合成聚合物的大分子是长链线型,所以又称其为分子链或大分子链。将具有最大尺寸、贯穿整个大分子的分子链称为主链；将连接在大分子主链上除氢原子以外的原子或原子团称为侧基；若侧基足够长（往往也是由某种单体聚合而成）则称为侧链。高分子物理常将长链线型大分子的形态描述为"无规线团"的形状，因为通常情况下，它们呈现卷曲缠绕状而非刚硬的棒状。线型高分子可分为直链线型和支链线型（主链是长链，但长链上有侧链）。还有一种形态的高分子是体型高分子，其链间交联呈空间网状结构。线型高分子易溶、易熔，如部分水解的聚丙烯酰胺可以溶于水中，在油田化学中用作增黏剂、驱油剂等。体型高分子不溶、不熔，如体型的酚醛树脂可用于油井防砂、堵水等。

高分子化合物是由相对分子质量大小不等的同系物组成的混合物，这就是高分子的多分散性，因此高分子化合物的相对分子质量只具有统计平均的意义。由于高分子相对分子质量较大，所以其物理性能与低分子同系物完全不同，例如高分子有高的软化点、高强度、高弹性，其溶液和熔体有高的黏度等。

一、高分子相对分子质量

高分子材料的强度与其对应的相对分子质量密切相关，因而它是聚合物最重要的指标之一。由于高分子是由许多相对分子质量大小不等的同系物分子组成的混合物，所以高分子化合物的相对分子质量只是这些同系物相对分子质量的统计平均值，规定用 $\overline{M}_x$ 表示，其下角标 x 分别为 n、w、η 等，分别表示"数均相对分子质量"、"质均相对分子质量"和"黏均相对分子质量"。

数均相对分子质量为按分子数的统计平均，定义为

$$\overline{M}_x = \frac{\sum_i N_i M_i}{\sum_i N_i} \tag{1-24}$$

式中，$\sum$ 表示所有项累加求和；N_i 表示第 i 份分级试样的物质的量；M_i 表示第 i 份分级试样的数均分子质量。

采用端基分析、沸点升高、冰点降低、气相渗透压法测定的平均相对分子质量为数均相对分子质量。

通常情况下，采用不同方法测定同一高分子试样时，各种平均相对分子质量的大小并不相同，一般是数均相对分子质量不大于黏均相对分子质量，黏均相对分子质量又不大于质均相对分子质量。本书中若未特别说明，则所指的平均相对分子质量均表示数均相对分子质量。

二、聚合反应

高分子可以通过聚合反应得到，由低分子生成高分子的反应叫聚合反应。聚合反应分为加聚反应和缩聚反应两种。

通常将重复组成高分子分子结构的最小的结构单元称为重复单元；构成高分子主链结构组成的单个原子或原子团称为结构单元；高分子分子结构中由单个单体分子衍生而来的最大的结构单元称为单体单元，这种结构单元又称为链节（chain unit）。单个聚合物分子中所含单体单元的数目，即链节的数目，以符号 n 表示，称为高分子化合物的聚合度（degree of polymerization，DP）。

1. 加聚反应

通过加成聚合的加聚反应是由许多相同或不同的低分子化合为高分子但无任何新的低分子产生的反应。低分子又叫作单体，通常为不饱和的化合物，如乙烯单体通过加聚反应得到聚乙烯（PE）。

油田化学中常用的加聚物，如聚丙烯酰胺（PAM），它的单体是丙烯酰胺（AM），AM单体小分子通过加成聚合得到PAM，其分子式为

$$n\mathrm{CH_2}\!\!=\!\!\underset{\underset{\mathrm{CONH_2}}{|}}{\mathrm{CH}} \longrightarrow [\mathrm{CH_2}\!-\!\underset{\underset{\mathrm{CONH_2}}{|}}{\mathrm{CH}}]_n$$

2. 缩聚反应

通过缩合聚合的缩聚反应是由许多相同或不同的低分子化合为高分子，但同时有新的低分子（如水、氨或氯化氢等）产生的反应。如酚醛树脂是由苯酚与甲醛的缩合物，反应过程中有水分子析出。控制反应条件可得到两种不同类型的酚醛树脂，如苯酚过量时，在酸性条件下可得到热塑性酚醛树脂。

若甲醛过量，在碱性条件下可得到热固性酚醛树脂。热塑性酚醛树脂与过量的甲醛可生成体型不溶不熔的酚醛树脂，热固性酚醛树脂在加热条件下也可得到体型酚醛树脂。

三、高分子化合物的分类

对于高分子的分类，需了解以下七种分类方法。

1. 按高分子的来源分类

按高分子的来源可以将高分子分为天然高分子和合成高分子两大类。天然高分子来源于自然界，包括天然无机高分子和天然有机高分子。常见的如云母、石棉、石墨等是常见的天然无机高分子。天然有机高分子是自然界生命存在、活动和繁衍的基础，如蛋白质、淀粉、纤维素、核糖核酸和脱氧核糖核酸就是最重要的天然有机高分子；还有油田上常用于压裂的田菁胶和瓜尔胶等。在油田使用中有时会用到所谓的生物高分子，它们是通过细菌发酵得到的，如黄胞胶（XC）是由黄单胞杆菌属细菌发酵而得的，可用作驱油剂。油田上用得最多的通过人工合成得到的合成高分子是聚丙烯酰胺及其衍生物、酚醛树脂等。

2. 按高分子材料的用途分类

按高分子材料的用途可以将高分子分为塑料、橡胶、纤维、涂料、胶黏剂和功能高分子等六大类。其中前三类即所谓的"三大合成材料"，功能高分子则是高分子科学新兴的和最具发展潜力的领域。

3. 按高分子主链的元素组成分类

按高分子主链的元素组成可以将高分子分为碳链、杂链和元素有机高分子三大类。碳链高分子的主链完全由碳原子组成，由不饱和烃（有双键或三键）单体通过加成聚合反应可得。杂链高分子的主链上除有碳原子外，还有O、N、S或P等杂原子，绝大多数的缩聚物如聚酯、聚酰胺、聚醚等均属于杂链高分子。元素有机高分子的主链上不含碳原子，而由Si、B、Al、O、N、S、P等原子组成，但其侧基是含C、H、O的有机基团，如硅橡胶的大

分子主链由 Si 和 O 原子交替排列组成。

4. 按制备高分子的聚合反应类型分类

按制备高分子的聚合反应类型可将高分子分为加聚反应得到的加聚物和缩聚反应制得的缩聚物两大类。还可根据聚合反应的特殊类型细分为加成缩聚物（如酚醛树脂）、开环聚合物（如聚环氧乙烷）等。

5. 按高分子的化学结构分类

按高分子的化学结构可将高分子分为聚酰胺、聚烯烃、聚酯、聚氨酯等。

6. 按聚合物受热时的不同行为分类

按聚合物受热时的不同行为可以将高分子分为热塑性和热固性两种高分子，热塑性是指加热后可以流动而冷却后固化的性质，此类高分子受热变软可流动，多为线型高分子；热固性是指物质加热后固化，再加热后不熔化的性质，此类高分子受热后转化成不溶、不熔、强度更高的交联体型聚合物，如热固性酚醛树脂。

7. 按高分子的相对分子质量分类

按高分子的相对分子质量可以将高分子分为高聚物、低聚物、齐聚物和预聚物等。通常情况下相对分子质量小于合格高聚物产品的副产物，或者使用于某些特殊用途如涂料、胶黏剂等的聚合物叫低聚物。而相对分子质量极低，根本不具有高分子特性的缩合物，过去称为齐聚物，现在多叫低聚物。那些可以在特定条件下发生交联固化反应的低聚物有时也称为预聚物。

四、高分子溶液

高分子溶液最初又被称为亲液溶胶，因为高分子较大，在水溶液中属于胶体的范畴。但是高分子是自动溶解成热力学稳定体系的溶液，所以有别于热力学不稳定的胶体分散体系。

1. 高分子的溶解过程

高分子溶解较为缓慢，一般分为两个过程：首先是溶剂进入高分子内部使高分子发生膨胀，这一过程叫作溶胀；然后，随着溶剂分子的大量进入，高分子链逐渐被分离而扩散到溶剂中去。只有线型高分子才能溶解，但有的线型高分子只能溶胀而不溶解，大多数的体型高分子既不溶胀也不溶解。

2. 高分子的黏度

高分子水溶液有较高的黏度，因为高分子的分子体积较大，亲液基团的溶剂化作用以及高分子链的相互缠结，所以高分子的水溶液黏度随高分子浓度的增加而急剧升高。升高温度高分子的分子间力以及溶剂的黏度都会降低，高分子溶液的黏度也降低。

pH 值对于高分子电解质的溶液黏度有很大的影响。聚电解质的亲水基团不同，受影响的程度也有所不同。一般地，聚电解质的亲水基团有羟基—OH 和磺酸根—SO_3^- 时受 pH 值的影响不大。羧酸根受 pH 值的影响较大，如部分水解的聚丙烯酰胺（HPAM）中一部分酰胺基水解成羧酸和羧酸钠。当 pH<7.5 时，HPAM 的黏度随 pH 值的增加而急剧上升；当 pH=7~10 时，黏度变化不大；当 pH>10 时，随着 pH 值的增加，HPAM 的黏度又急剧下降。因为 HPAM 中的亲水基团是—COONa，在 pH 值较小，即酸性条件下时，变成—COOH，随着 pH 值的增加，—COOH 电离，由于—COO⁻ 的静电斥力，使高分子链在水中伸展开来，因而黏度急剧增大；当 pH 值再继续增大时，由于水中无机盐电解质增多，盐敏效应使得高分子链在水中变得蜷曲，从而使高分子溶液的黏度渐渐变小。而磺酸盐受 pH 值的影响则较小，所以有磺酸根基团的高分子性能较稳定，在油田化学中用得较多，如钻井液中的三磺钻井液可以用于深井的钻探。

习 题

1. 解释下列名词的含义：凝聚法、电泳现象、铺展、比表面、Fajans 规则、布朗运动、溶胶的聚沉、丁达尔现象、电动电位、表面张力、吸附、润湿角、铺展、毛细管的毛细现象、润湿、沾湿、胶束、HLB 值。

2. 溶胶稳定性的表征方法有哪些及各自的意义是什么？

3. 如何区分热力学电位、ζ 电位、Stern 电位？

4. 在一定温度和大气压下，半径均匀的毛细管下端有两个大小不等的圆球形气泡，如图所示，试问在活塞 C 关闭的情况下，将活塞 A 和 B 打开，两气泡内的气体相通后将会发生什么现象？

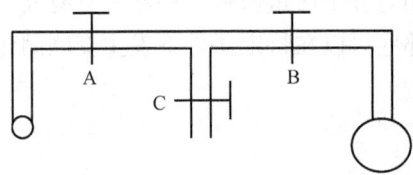

5. 结合胶体体系的电学性质及稳定性理论，分析细分散钻井液体系遇到大量 Ca^{2+} 会发生聚沉的现象。

6. 从力的角度解释胶体体系的稳定性理论。

7. 简述 Stern 扩散双电层的基本结构。

8. 什么是 DLVO 理论，并作图说明能量变化曲线。

9. 什么是聚沉值？

10. 简述润湿的分类以及相应功和润湿角的大小。

11. 影响固—气界面吸附的因素有哪些？

12. 影响表面张力的因素有哪些？

13. 简述润湿产生的原因及分类。

14. 作图推导 Laplace 公式。

15. 利用电泳实验测定球形胶体颗粒的 ζ 电位，已知电极间距离为 0.565m，电压为 220V，通电 50min 后，胶体颗粒向正极移动了 0.053m，已知该体系的黏度为 1.03×10^{-3} Pa·s，介电常数为 9.02×10^{-9} F/m，计算此黏土颗粒的 ζ 电位。

16. 电泳实验测定棒形颗粒 Sb_2O_3 的 ζ 电位，已知电极间距离为 0.5m，电压为 300V，通电 10min 后，颗粒向正极移动了 0.05m，已知介电常数为 9.02×10^{-9} F/m，计算 ζ 电位。

17. 利用电泳实验测定钻井液中黏土颗粒的 ζ 电位，已知电极间距离为 0.385m，电压为 182V，通电 40min 后，片状的黏土颗粒向正极移动了 0.008m，已知介电常数为 $9.02 \times$

10^{-9}F/m，溶液体系的黏度为 1.1mPa·s，计算此黏土颗粒的 ζ 电位。

18. 胶体颗粒半径为 10^{-3}cm，粒子密度为 $10g/cm^3$，介质水的密度为 $1g/cm^3$，水的黏度为 1.15mPa·s，计算颗粒的沉降速度及沉降 1cm 所需的时间。

19. 试计算在 293K 时，在重力场中使得粒子半径分别为 1.0×10^{-5}m、100nm、1.5nm 的金属溶胶粒子下降 0.01m 所需的时间，并分析其稳定性。已知分散介质的密度为 $1000kg/m^3$，金的密度为 $1.93\times10^4 kg/m^3$，溶液的黏度近似等于水的黏度，为 $0.001kg\cdot m^{-1}\cdot s^{-1}$（即 Pa·s）。

20. 用 15mL 浓度为 0.01mol/L 的 KI 与 20mL 浓度为 0.01mol/L 的 $AgNO_3$ 溶液制备 AgI 溶胶，写出制备的溶胶的结构式，并分析 $Fe(NO_3)_3$、Na_2SO_4、$MgSO_4$ 对溶胶的聚沉值大小。

第二章 钻井化学

钻井化学主要介绍油气井工作液中的钻井流体（drilling fluids），用于油气钻井的流体主要是水基或油基等液体体系，所以国内又称为钻井液。钻井液在钻开油气储层时又称为完井液。广义而言，凡是与储层相接触的油气井工作液均称为完井液，因为它们影响到完井后的油气产量，甚至整个区块的产能。

钻井液的定义是，在油气钻井过程中，以其多种功能满足钻井工程及需要的各种循环流体的总称。钻井液可认为是钻井工作的"血液"，储存在"心脏"钻井液池中，由钻井泵（即泥浆泵）泵送到钻井工作最底部的钻头，从钻头水眼处喷射出来后，上返至地面，通过固相含量控制设备的处理返回钻井液池，进入下一步循环，如图 2-1 所示。

钻井液在油气钻井工程中的最基本功能是洗井和压井作用。首先，必须将钻头破碎的岩屑携带至地面，避免在井底发生岩屑滞留；其次，在油气钻井过程中，尽量避免井塌和井喷事故的发生。随着井深的增加，其功用主要包括：（1）携带和悬浮岩屑及加重材料；（2）稳定井壁和平衡地层压力；（3）冷却和润滑钻头、钻具；（4）提供地层信息；（5）传递水动力。

总之，钻井液要求具有一定的流变性能和滤失造壁性能，保障钻井工作的顺利进行；在钻油气储层时，钻井液还必须具有保护储层的作用，尽可能不伤害油气储层，不降低储层渗透率；为了满足健康安全和环境管理（HSE）的要求，钻井液应避免对工作人员及环境造成伤害和污染。

图 2-1　钻井液循环体系

钻井液的成本虽然只约占钻井总成本的 10%，但是，先进的钻井液技术可以保证高效快速钻进，显著降低钻井总成本。

第一节 黏土胶体化学

钻井液中使用最广泛的是水基钻井液，以水和黏土作为主要配浆材料，俗称泥浆 (drilling muds)。所用黏土是比较特别的遇淡水会发生水化、膨胀和分散的膨润土。膨润土颗粒作为分散相分散在水中形成黏土与水的溶胶—悬浮体分散体系，提供足够的黏度和切力，将井底大块的钻屑携带到地面，满足油气钻井的洗井工作要求。钻井液的各项性能大部分可以通过胶体化学中有关的稳定性理论来进行解释和应用。

一、黏土矿物学

石油工程中常常遇到由黏土矿物引起的复杂问题。例如，地层中通常钻遇到高岭石、蒙脱石、伊利石及绿泥石等黏土矿物，它们形成的泥页岩或砂岩胶结物若遇到水，会引起井壁失稳问题，严重时会影响钻井和固井的质量，甚至会导致严重的储层伤害和环境污染；储层中敏感性的黏土矿物会引起储层伤害，降低储层的渗透率，最终降低油气井及整个油气田的实际产量。

1. 黏土矿物的化学组成

在油气井的上部地层钻进过程中，经常遇到三类矿物：具有晶体结构的黏土矿物（如高岭石、蒙脱石、伊利石）；具有非晶体结构的细颗粒的胶体矿物（如蛋白质、氢氧化铝、氢氧化铁）；具有晶体结构的粗颗粒的非黏土矿物（如长石、云母、石英）。其中，黏土矿物对于钻井液的配制、油气钻井工作的顺利进行都有着至关重要的作用，油气储层中潜在的黏土矿物会引起储层的敏感性伤害，对储层的渗透率有不良影响，降低油气井的产能。

黏土矿物是含水的铝（镁）硅酸盐，主要含有氧化硅、氧化铝、结晶水，少量铁、钾、钠、钙、镁等化学成分。碱金属和碱土金属的元素多以离子形式存在于黏土矿物中，用以补偿黏土矿物由于晶格取代引起的正电减少。黏土矿物中存在的有些补偿性阳离子，如钠离子和钙离子，容易被其他的浓度或价数高的正离子交换下来，所以又被称为交换性阳离子。常见黏土矿物的化学组成见表 2-1。

表 2-1 常见黏土矿物的化学组成

矿物名称	化学组成	SiO_2/Al_2O_3
高岭石	$Al_4[Si_4O_{10}][OH]_8$ 或 $2Al_2O_3 \cdot 4SiO_2 \cdot 4H_2O$	2:1
蒙脱石	$(Al_2,Mg_3)[Si_4O_{10}][OH]_2 \cdot nH_2O$	4:1
伊利石	$(K,Na,Ca_2)(Al,Mg)_4[(Si,Al)_8O_{20}][OH]_4 \cdot nH_2O$	4:1

黏土矿物一般有两种基本构造单位，即硅氧四面体（图 2-2）和铝氧八面体（图 2-3）。

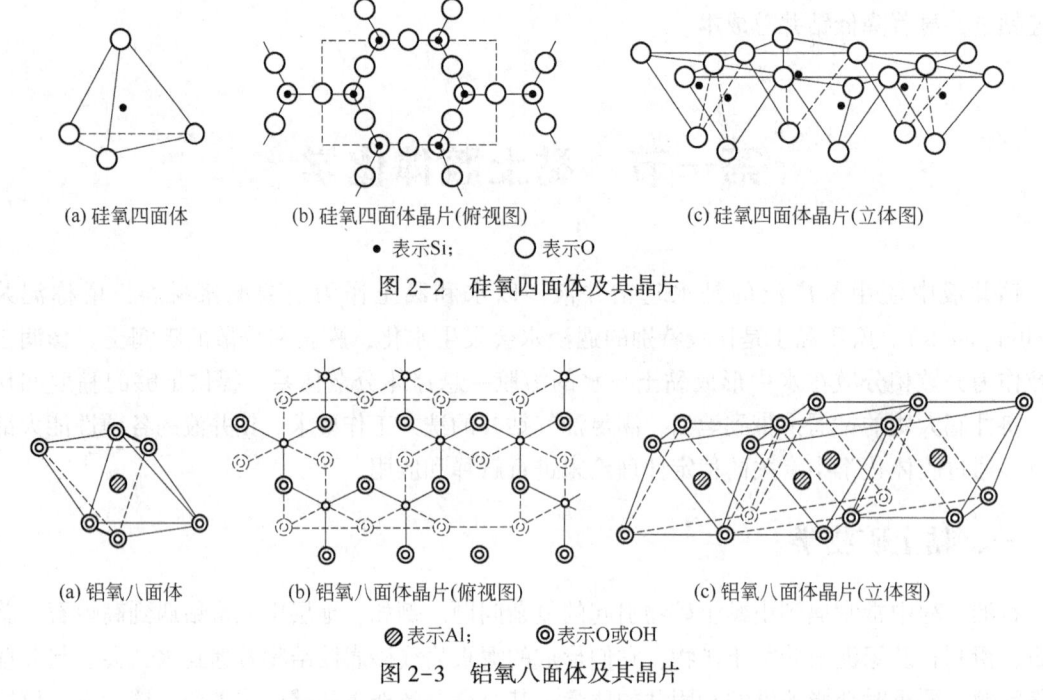

图 2-2 硅氧四面体及其晶片

图 2-3 铝氧八面体及其晶片

硅氧四面体中的硅原子处于四面体中心，与四个氧原子（或氢氧原子团）以等距离相连。在大多数黏土矿物中，硅氧四面体通过共用底氧形成硅氧四面体晶片，晶片中相邻的六个氧原子形成六边形网格形状。铝氧八面体由铝原子和两层紧密堆叠的氧原子和氢氧原子团组成，铝（及其替代原子，如铁或镁）处于八面体中央。八面体晶片与四面体晶片通过共用氧原子形成共价键，连在一起构成不同层型的单元晶层（又称为晶胞）。单元晶层面—面相叠形成晶体，晶层中某一晶片与相邻晶层的对应晶片之间的距离称为晶格间距（又称为层间距）。

1) 高岭石

高岭石黏土矿物的晶体构造由一层硅氧四面体晶片和一层铝氧八面体晶片组成，称为1∶1型黏土矿物。其相邻单元晶层间由于氢氧原子团的存在而形成氢键，因此层间距小，约为0.72nm，几乎没有晶格取代现象。所谓晶格取代，是指在晶体的晶格结构中某些原子被不同价态的其他原子取代，而晶体构造保持不变的现象。高岭石是非膨胀型黏土矿物，水化性能差，在水中不易水化、膨胀和分散，因此一般不用作钻井液的配浆材料。在油气钻井过程中，含高岭石黏土矿物的泥页岩地层容易发生剥蚀现象，导致井壁失稳，影响钻井工作的顺利进行；在油气储层中，高岭石黏土矿物通常以分散质点的形式存在于地层孔隙及渗流通道中，一旦油气井工作液压力偏高，就容易被挤入地层深处，堵塞喉道，降低储层的渗透率，影响油气井产能。

2) 蒙脱石

蒙脱石黏土矿物是膨润土的主要成分，可以用作水基钻井液的主要配浆材料。其晶体构造由两层硅氧四面体晶片和夹在其中的一层铝氧八面体晶片通过共用氧原子形成，称为2∶1型黏土矿物。蒙脱石黏土矿物的晶体结构如图2-4所示。

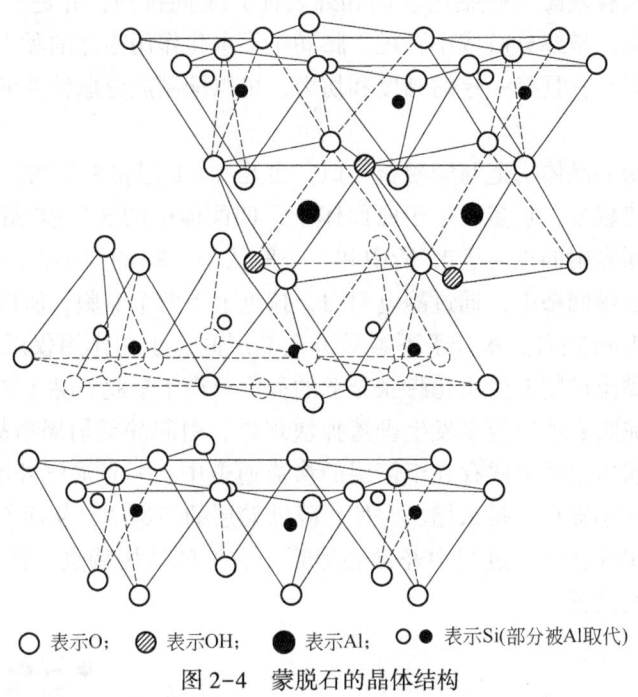

○ 表示O； ◐ 表示OH； ● 表示Al； ◌ 表示Si(部分被Al取代)

图 2-4 蒙脱石的晶体结构

蒙脱石黏土矿物的晶体结构中硅氧四面体的部分 Si^{+4} 被 Al^{+3} 所取代，八面体中的部分 Al^{+3} 被 Mg^{+2} 取代，正电缺失引起的电性不平衡使得黏土矿物在水中的晶格呈负电性。为了保持电中性，黏土矿物必然要吸附等电量的正离子在其周围，形成类似于溶胶的胶团结构形式。各晶层间由于是四面体晶片相邻，氧原子与氧原子相对，因此层间作用力是分子间力，结合力较弱，层晶距较大，约为 1~4nm。水分子容易进入晶层之间，引起晶格膨胀。同时，黏土矿物由于晶格取代而带负电性，黏土矿物的晶层之间有较高的静电排斥能，中和电性的补偿性阳离子居中。这些阳离子因吸附水形成水合离子产生内外电位差，引起渗透压，体系中的水分子因此能更多地进入其间，进一步增大层间距，最后导致黏土分散成细小的黏土颗粒。因此，蒙脱石是膨胀型黏土矿物，而且有很大的比表面积。蒙脱石的比表面积可以高达 $800m^2/g$，具有很强的吸附作用，利用其较强的吸水作用可制得蒙脱石散，用于治疗小儿腹泻。

蒙脱石黏土矿物的膨胀程度取决于其吸附的正离子种类，以钠离子为主的钠膨润土的膨胀压很大，晶体可以在水中分散为极其细小的颗粒；以钙离子为主的钙膨润土在水中的分散程度相对较小，颗粒相对较粗。在油气钻井过程中，含蒙脱石黏土矿物较多的泥页岩黏土层容易发生水化膨胀，导致井径缩小，发生卡钻卡套事故，以及井壁坍塌、泥包钻头等现象。在钻上部浅层时，通常需要使用抑制黏土水化膨胀和分散的聚合物钻井液体系，预防井壁坍塌；在油气储层中，蒙脱石黏土矿物通常以薄膜形式包裹在砂粒周围，如果工作液的矿化度低于地层水，则容易使蒙脱石黏土矿物发生水化膨胀，引起水敏性伤害，严重降低储层渗透率，严重伤害储层。在几种黏土矿物中可能对储层造成潜在最大伤害的，就是蒙脱石型黏土矿物。

水基钻井液配浆用的黏土一般为造浆能力强的膨润土，就是蒙脱石型的黏土矿物，遇水会发生水化作用。水化作用是指黏土矿物遇水后，在其颗粒表面吸附水分子形成水化膜的过程。水分子在黏土颗粒表面（包括内表面和外表面）定向排列，并进一步引起黏土颗粒的水化膨胀和渗透膨胀，最终分散成小颗粒。膨润土类水化作用很强的黏土可以在水中分散成亚微米级别大小的颗粒，具有一定的黏度和切力，可以配制成分散钻井液体系。

3）伊利石

伊利石黏土矿物的晶体构造与蒙脱石类似，也是 2∶1 型黏土矿物。它与蒙脱石的主要区别在于其晶格取代较多，且多发生于四面体中，四面体中的 Si^{+4} 被 Al^{+3} 取代，缺失的正电性有一部分被层间吸附的正离子 K^+ 所中和。一般认为，K^+ 的大小正适合镶嵌在四面体表面氧原子形成的六边形网格中，通过静电引力，拉近上下两个晶胞，所以相邻两个晶胞的层间距较小，通常在 1nm 左右。水分子不容易进入晶层间，水化作用仅限于黏土颗粒的外表面。因此，伊利石黏土矿物发生水化膨胀分散的程度要小于蒙脱石黏土矿物。在油气钻井过程中，含伊利石的泥页岩地层容易发生剥落掉块现象，引起井壁坍塌事故；在油气储层中，伊利石通常呈毛发状以搭桥形式存在于储层的渗流通道中，一旦油气井的工作液压力偏高，就容易被冲碎而形成小颗粒，挤入储层深处，降低储层的渗透率，从而伤害储层。

上述三种黏土矿物在钻井过程中经常会遇到，它们的结构特点（图 2-5）和性质会影响到钻井工作的顺利进行。

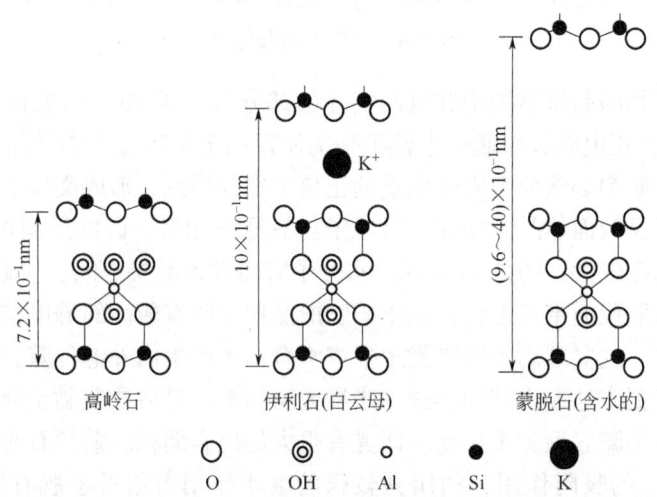

图 2-5 高岭石、伊利石、蒙脱石的晶体构造特点

4）绿泥石

正常情况下，绿泥石的层间没有水，主要存在于储层中。绿泥石黏土矿物是由水镁石 $[Mg_3(OH)_6]$ 晶片与 2∶1 型的三层晶片交错构成。水镁石晶片因其中有部分 Mg^{+2} 被 Al^{+3} 取代而在水中呈现正电性，正电荷与三层型晶片中的负电荷相平衡，导致绿泥石黏土矿物在水中的电势很低。绿泥石黏土矿物中通常含有一定量的铁原子，在对储层进行酸化作业时，容易生成氢氧化铁和氢氧化亚铁水不溶物，导致对储层的二次伤害。

此外，还有海泡石、凹凸棒石和坡缕缟石等抗盐的黏土矿物，它们通常在水中形成一簇簇的棒状颗粒，内表面较大，吸水能力较强。其结构内晶格取代极少，颗粒表面的负电性较小。以这些黏土矿物为主的黏土颗粒在盐水中有极好的悬浮性能，可以用配制饱和盐水钻井液体系。例如，在我国新疆钻深井和超深井时，常用饱和盐水钻井液体系来钻开大段的盐岩层，提供较高的钻井液密度，避免井壁失稳坍塌和扩径事故的发生。

2. 黏土的带电性质

在外加电场作用下，黏土颗粒在水中会发生从负极向正极移动的电泳现象，证明黏土颗粒在水中带负电性。黏土颗粒所带的电荷一般分为永久负电荷、可变负电荷和正电荷三种。

1) 永久负电荷

永久负电荷是由于黏土在自然形成时发生晶格取代作用所致。例如，硅氧四面体中的四价硅原子被三价铝原子取代，或铝氧八面体中的三价铝原子被二价镁原子等取代，产生过剩的负电荷，其数量决定于晶格取代的多少，与分散介质的pH值无关，因此被称为永久性的负电荷。黏土矿物的永久负电荷大部分分布在黏土晶层的层面上。高岭石的比表面很小，而且其晶格取代也很少，很难进行永久负电荷的化学分析；蒙脱石的永久负电荷主要来源于其中铝氧八面体的晶格取代，取代的数量较多，所以永久负电荷也较多；伊利石的永久负电荷主要来源于其中硅氧四面体的晶格取代，数量很多，但由于其晶层间的补偿性阳离子K^+的特殊存在，中和了部分负电荷，所以伊利石的永久负电荷并不很多。

2) 可变负电荷

可变负电荷的数量随着分散介质水的pH值变化而变化。产生的原因有可能是，片状黏土颗粒的晶体端面上与铝原子相连接的OH原子团中的H在碱性条件下发生解离，也可能是黏土颗粒的晶体端面上吸附了无机或有机的负离子。黏土矿物的永久负电荷与可变负电荷的数量之比与黏土矿物的种类有关：蒙脱石的永久负电荷最高，约占其负电荷总和的95%，伊利石其次，永久负电荷约占其负电荷总和的60%；高岭石则最少，约占其负电荷总和的25%。

3) 正电荷

当分散介质的pH值低于9时，黏土晶体端面上通常带正电性，一般认为是由于黏土颗粒边缘裸露在外的铝氧八面体的OH原子团在酸性条件下从分散介质中接受质子所引起的。

黏土颗粒在水中所带负电荷与正电荷的代数和即为黏土颗粒的净电荷数，一般情况下，黏土颗粒所带的负电荷多于正电荷，因此，黏土颗粒在水中一般呈负电性。

3. 黏土的吸附作用

黏土特别是膨润土，有较大的比表面，即表面能较大。为了降低表面能，必然要吸附其他物质的分子或离子在其表面。黏土颗粒表面浓集溶剂、处理剂分子或离子的现象，称为黏土的吸附作用。黏土的吸附作用通常分为以下三类。

1) 物理吸附

物理吸附是黏土颗粒与吸附质分子之间通过分子间力发生的吸附作用，吸附过程可逆。产生的原因是黏土在钻井液中高度分散成微米或亚微米粒子大小，比表面积很大，比表面能很高，通过物理吸附可以降低其比表面能。因此，钻井液中的各种处理剂分子容易在黏土表面发生多点吸附，特别是非离子的有机处理剂分子与黏土表面发生的物理吸附，可以用来调节钻井液的流变性能和滤失造壁性能，改善滤饼质量，保证井壁的稳定。

2) 化学吸附

化学吸附是黏土颗粒与吸附质分子或离子之间通过化学键力发生的吸附作用，吸附不可逆。例如，黏土颗粒端面带有正电荷时，负离子可以通过静电作用吸附到黏土颗粒的端面上，中和黏土颗粒端面的正电荷，提高黏土颗粒的负电性，黏土颗粒因相互之间的静电排斥力增大而高度分散，形成黏土—水的溶胶—悬浮体分散体系，用于配制分散钻井液体系，便于清洗井底、携带和悬浮岩屑。

3）离子交换吸附

黏土颗粒的表面一般带有负电性，为了维持电中性，黏土颗粒必然要吸附等电量的正离子在其周围，这部分正离子即补偿性阳离子。若吸附的正离子可与分散介质中的正离子发生交换，则会发生离子交换吸附，改变黏土在水中的分散性能。吸附的阳离子总量，可以用阳离子交换容量（CEC）表示，即每100g干黏土所能交换下来的阳离子的物质的量，用mmol表示。

常见的交换性阳离子有钠、钙和镁等离子，其中以钠离子为主要交换性阳离子的钠土可以配成钠基钻井液，即（细）分散钻井液。分散钻井液体系中的黏土颗粒高度分散，亚微米黏土颗粒的浓度较大，会严重影响钻井速度。向分散钻井液体系中加入含有钙离子的化学剂（如石灰、石膏和氯化钙），若钙离子浓度较大，则价数更高的钙离子容易与钠离子发生离子交换吸附作用，钠土转变成钙土，钻井液则由分散的钠基钻井液体系转变为粗分散的钙基钻井液体系，钻井液的流变性能和滤失造壁性能会发生显著变化，一般用于抑制性钻井液的配制，还要用于钻盐膏层。

离子交换吸附的特点是，同电性等电量的可逆交换，用以平衡受吸附离子的浓度影响。例如，分散的钠基钻井液遇钙侵时，Ca^{2+}与Na^+进行离子交换吸附，为了避免钻井液的性能变差，采用的处理方法是，加入一定量的纯碱，增加钻井液中的Na^+浓度，同时Ca^{2+}与纯碱反应生成碳酸钙沉淀，可以减少Ca^{2+}在钻井液中的浓度，使钻井液的流变性能和滤失性能得到恢复。

离子交换吸附的强弱规律如下：离子浓度对吸附的影响符合质量作用定律，即离子交换受每一相中不同离子相对浓度的制约，浓度大的离子易被优先吸附；溶液在各离子浓度相差不大时，价数高的离子容易交换吸附到黏土颗粒表面，且不容易被交换下来；相同价数的不同离子，例如碱金属这一族的离子，其半径越小，离子的水化半径则越大，离子中心距离黏土颗粒表面则越远，越不容易被吸附，反之，则吸附作用越强。H^+例外，因为它在黏土颗粒表面上的吸附作用特别强。黏土颗粒发生离子交换吸附作用时，其交换下来的正离子的总量（即阳离子交换容量）可以通过经典的醋酸铵淋洗法来测量，即铵离子将黏土上的可交换正离子交换下来，通过仪器分析方法测量出交换下来的离子的量。例如，钠土与醋酸铵中的铵离子的离子交换吸附作用如下：

$$NH_4^+ + 黏土—Na^+ \rightarrow Na^+ + 黏土—NH_4^+$$

将淋洗后的滤液焙烧，所得残渣为碱金属与碱土金属的碳酸盐及氧化物。用过量的标准盐酸溶解残渣，再用标准碱中和过量的酸，即可求得各种交换性阳离子的物质的量。

用乙醇洗去淋洗后的黏土上的过量醋酸铵，再加入NaOH浓溶液，黏土上已吸附的铵离子又被钠离子交换出来，生成氢氧化铵。将其蒸煮得到氢氧化铵，用标准酸吸附，再滴定即可换算出黏土的阳离子交换容量。

蒙脱石黏土矿物的阳离子交换容量最大，一般在70~130mmol/100g黏土之间；伊利石次之，在10~40mmol/100g黏土之间；高岭石最小，在3~15mmol/100g黏土之间。

4. 黏土的水化作用

黏土矿物中蒙脱石黏土矿物的水化作用能力比其他黏土矿物大得多，而且一般的配浆土用蒙脱石黏土矿物为主的膨润土，所以黏土的水化膨胀分散一般是针对蒙脱石矿物而言的。

黏土矿物中所含的水分子按其存在形态可分为三类：结晶水（化学结合水，只有在高温下结晶破坏时才会放出）、吸附水（束缚水，由分子间力和氢键力在黏土颗粒周围形成的水化膜，随黏土胶体颗粒一起运动）以及自由水（存在于黏土颗粒间，不受黏土束缚，可以自由运动）。

黏土的水化膨胀形式一般分为表面水化和渗透水化两种。

1) 表面水化（晶格膨胀）

表面水化是由水分子通过氢键作用吸附到黏土晶体表面上引起的，氢键作用于黏土颗粒表面的强度随着水分子离开黏土颗粒表面的距离增加而降低，表面水化膜的结构具有特殊的黏弹性，其黏度比自由水大，对于水基钻井液的各项性能参数很大影响。交换性阳离子以两种方式影响黏土表面的水化作用，首先是这些正离子的水化作用，其次是这些正离子的水合离子与水分子通过竞争吸附到黏土颗粒的表面，破坏定向吸附的水化膜的结构，如图2-6所示。

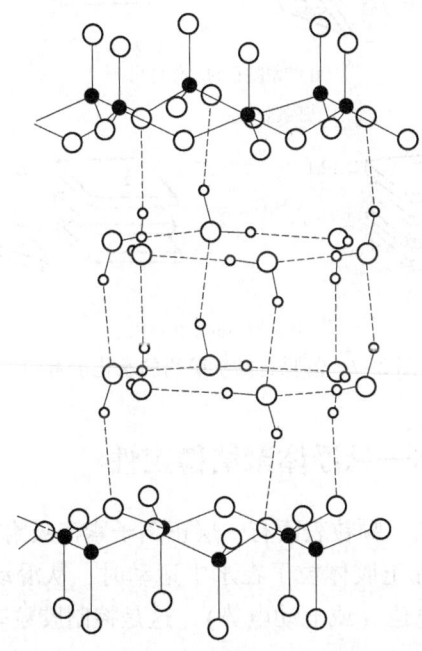

图2-6 水分子在黏土表面的定向吸附

2) 渗透水化

膨润土进行水化时，黏土颗粒晶层间的正离子浓度通常大于在分散介质水中的正离子浓度，水分子一旦进入黏土晶层间，会增加晶层间距，形成扩散双电层。扩散层的厚度由电解质的浓度差决定，因此其水化机理基本上是渗透性的。渗透水化引起的黏土体积膨胀要比晶格膨胀大得多。

黏土水化膨胀的强弱还与黏土矿物的类型和所带交换性阳离子的种类有关。蒙脱石黏土矿物的阳离子交换容量较大，浓差极化较大，水分子容易渗透进入黏土晶层，因而蒙脱土的水化分散程度较高，伊利石和高岭石相对而言则是非膨胀性黏土矿物，水化作用也因此相对较弱。在黏土颗粒表面发生离子交换吸附的正离子种类不同，其水化程度也有区别，例如，钙膨润土水化后的晶层间距最大约为17Å，钠膨润土水化后的晶层间距可达40Å，如图2-7所示。为了提高膨润土的水化性能，满足油气钻井工作液的性能要求，一般需要将膨润土进行预水化，使钙土变成钠土，提高其造浆性能。另外，黏土的水化、膨胀和分散的程度还受时间、温度及黏土颗粒浓度的影响。

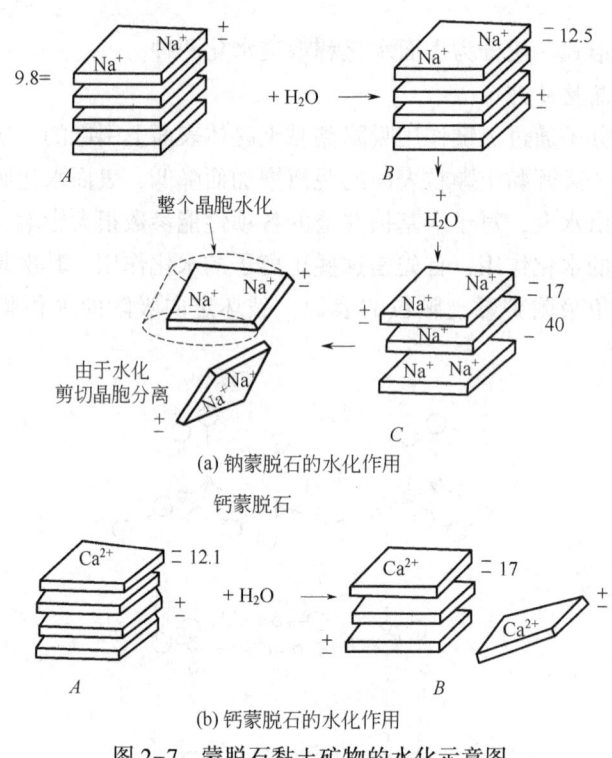

图 2-7　蒙脱石黏土矿物的水化示意图

二、黏土—水的胶体—悬浮体聚结稳定性

根据扩散双电层理论，黏土颗粒表面有一层正离子紧密吸附在其周围，该吸附层为吸附溶剂化层，如图2-8所示。黏土胶体粒子在水中运动时，从滑动面（图中的虚线所示）到分散相内部的电位差是电动电位（或电动电势），这是控制胶粒表面特性的主要物理量。

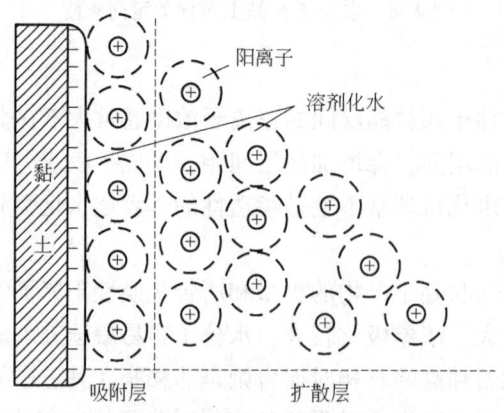

图 2-8　黏土颗粒表面的扩散双电层

在向溶胶体系中加入电解质时，会压缩扩散双电层，降低电动电位，而且反离子的价数越高，电动电位降低越快。在黏土的胶体悬浮体中，由于黏土颗粒带负电，反离子为正离子，所以若向水基钻井液中加入高价的正离子，电动电位会降低很多；加入的正离子的量很大时（例如加入阳离子聚合物高分子），由于紧密吸附层中进入的正离子过多，黏土颗粒表面的电性容易发生反转，变成正电性的表面，所以负电体系的钻井液就变成阳离子钻井液体系。阳离子钻井液体系中的大阳离子可以在井壁通过静电作用发生多点吸附，抑制井壁泥页岩黏土的水化膨胀，对井壁有一定的稳定作用。

1. 黏土颗粒的连接方式

黏土颗粒在水溶液中有三种不同的连接方式：面—面、端—端和端—面，如图2-9所示。在发生面—面连接时，黏土颗粒发生面—面的叠加方式，容易因重力作用而发生下沉，即沉降作用显著，钻井液稳定性变差，发生水土分层现象，钻井液的黏度和切力显著降低，钻井液的滤失量也显著增大，即钻井液的整体性能受到破坏，钻井液失效。其逆过程则是分散作用，即黏土的水化分散，使钻井液中的黏土颗粒增多，钻井液的视黏度增大，而且黏土颗粒间还可以形成端—端和/或端—面的连接方式，通过这些连接可以形成布满整个空间的网络结构，即钻井液中的黏土颗粒之间发生絮凝作用，钻井液总的黏度增大。若絮凝过度，向其中加入解絮凝剂或分散剂，可以解絮凝，拆散部分空间网架结构，维持钻井液的流动和变形特性。

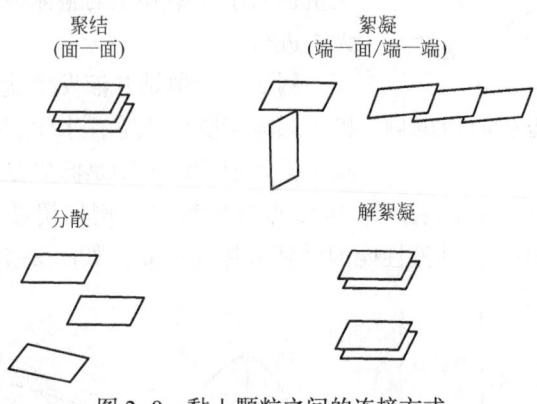

图2-9 黏土颗粒之间的连接方式

2. 黏土颗粒的聚结稳定性

黏土颗粒很小，在水中以极小的尺寸存在，加之黏土颗粒之间的静电斥力作用，它们在水中有一定的动力稳定性，即不容易通过重力作用而发生快速下沉。当向体系中加入电解质时，黏土颗粒的扩散双电层会受到压缩，静电斥力减小，颗粒间容易发生絮凝，甚至聚结变大，发生沉降，即聚沉现象。此时，黏土悬浮体会变为透明的清液，带有水化膜的颗粒松散地聚结在絮体中，形成大量的沉积物。如果黏土量较大，黏土颗粒在钻井液中会絮凝成连续的凝胶结构，即失去流动性的半固体状态。当可溶盐在钻井液中的浓度适中时，会形成絮凝。向钻井液中加入稀释剂或降黏剂，可以解胶凝或解絮凝。

3. 影响钻井液聚结稳定性的因素

黏土颗粒类似于胶体颗粒，根据静电稳定理论（DLVO理论），水中的黏土颗粒在一定条件下是稳定存在还是聚沉，取决于颗粒间的相互吸引力和静电斥力。若斥力大于吸力则溶胶稳定，反之则不稳定。

由于黏土矿物特有的晶格取代现象，黏土颗粒在水中带负电性，黏土颗粒之间存在由扩散双电层引起的静电排斥力，其大小与电动电位的平方成正比。当分散介质中的电解质浓度与反离子价态等因素发生改变时，黏土颗粒之间的排斥能会发生显著变化。此外，由于黏土颗粒表面存在有一定厚度的定向排列的水分子，黏土颗粒相互聚结时存在溶剂化膜（即水化膜）斥力，水化膜厚度与扩散层厚度相当，有一定的弹性和黏性，可以增加黏土颗粒之间发生聚结的机械阻力。

1) 电解质浓度的影响

由溶胶体系聚结稳定性影响因素中电解质的影响可知，电解质浓度不同，黏土颗粒之间的相互作用也不同，如图 2-10 所示。在低浓度（C_1）和中等浓度（C_2）的电解质中，相邻黏土颗粒的总位能有一最大值，即排斥能的能峰，该能峰随着电解质浓度的升高而降低。高浓度（C_3）电解质会很快压缩黏土颗粒表面的扩散双电层，电动电位 ζ 降为零，即黏土颗粒之间的静电排斥力为零，黏土颗粒表面的水化膜也变薄，所以黏土颗粒快速聚结变大，以至于下沉，钻井液发生水土分层，释放出大量自由水，钻井液的整体性能受到破坏，钻井工作无法进行。

例如，分散钻井液发生盐侵时，黏土颗粒表面的扩散双电层受到压缩，水化膜变薄，自由水增多，反映在钻井液性能上则是滤失量增大；黏土颗粒之间发生絮凝，黏度和切力也增加；随着外来 NaCl 浓度的增加（例如超过 3%），黏土颗粒发生聚沉，钻井液黏度开始变小，钻井液性能因受到破坏而失效，如图 2-11 所示。

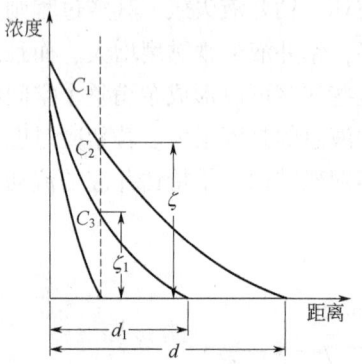

图 2-10 电解质浓度对电动电位的影响

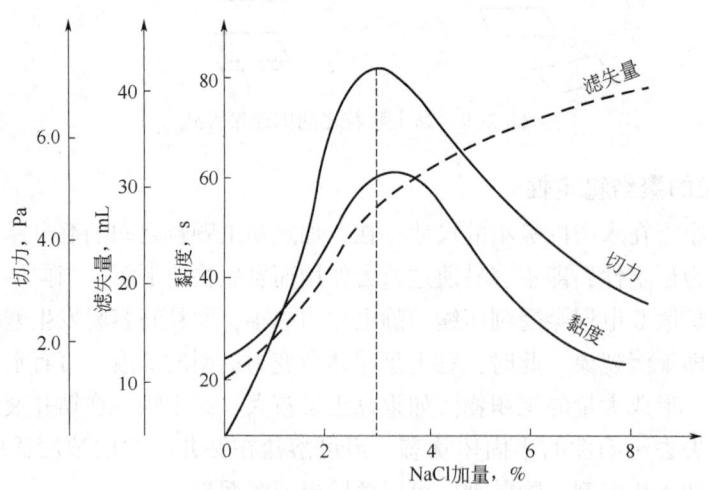

图 2-11 加入 NaCl 后分散钻井液性能的变化

2) 反离子价数的影响

黏土颗粒在水中带负电，其排斥力会受到反离子（即正离子）的影响。根据舒采—哈迪（Schulze-Hardy）规则，电解质的聚沉值与反离子价数的6次方成反比，正离子的价数越高，其聚沉值越小，黏土颗粒越容易发生聚沉。

例如，三价的铝对黏土颗粒的絮凝和聚沉作用要大于二价的钙离子，而钙离子的作用又强于一价金属离子。

3）反离子大小的影响

同价反离子的水化半径越小，聚沉能力越强。对于水基钻井液中黏土颗粒的聚沉作用，一价阳离子的聚沉感胶离子序与水化离子半径从小到大的次序大致相同。例如，对于负电体系的水基钻井液而言，一价正离子的盐类对于黏土颗粒的聚沉作用相似。在普遍使用的大钾钻井液体系中，钾离子比较特殊，对黏土矿物有抑制其水化膨胀和分散的作用，可以用作钻井液的无机页岩抑制剂。

对于某些特性离子，例如聚阳离子，若加量足够大，吸附到黏土颗粒表面的离子数量够多，则可能引起黏土颗粒表面的电性改变，阴离子钻井液体系变成阳离子钻井液体系。这种电性反转的现象可以用Stern扩散双电层理论来解释，如图2-12(a)所示。

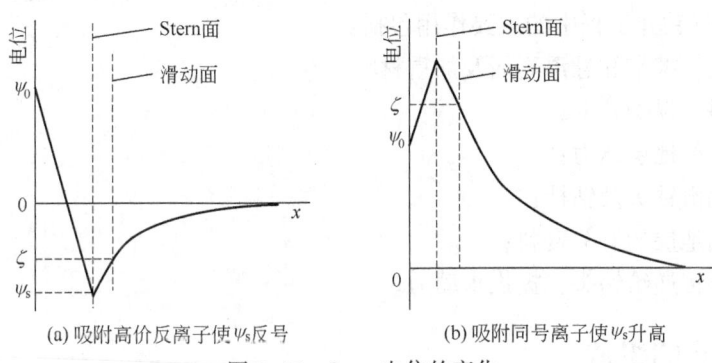

图2-12 Stern电位的变化

4）同号离子的影响

黏土颗粒在水中带负电，同号离子即负离子对黏土颗粒有一定的聚结稳定作用，即这些同号离子有一定的护胶作用，降低反离子对黏土颗粒的聚沉作用。

例如，分散钻井液体系中，通常需要加入一定浓度的分散剂，这些分散剂除了无机碱外，一般为阴离子聚合物，用得较多的是HPAM。阴离子型高分子吸附在黏土颗粒上，增加黏土颗粒的负电性，同时还增加黏土颗粒表面的水化膜厚度，水化膜排斥力也因之增加，所以黏土颗粒不容易聚结在一起。这一现象也可以用Stern扩散双电层理论来解释，如图2-12(b)所示。

5）相互聚沉作用

由胶体化学可知，两种相反电荷的溶胶相互混合而会发生聚沉的现象。水基钻井液中的黏土颗粒通常带一定的负电性，即钻井液体系为负电性的溶胶—悬浮体分散体系。若向其中加入正电溶胶（如正电胶），两者浓度相当时，钻井液会发生聚沉，以至于变成清水。利用这一现象，适当控制正电胶的加量，可以改善钻井液内的空间网络结构，提高钻井液的切力，在环空提高钻井液的悬浮钻屑及加重材料的能力，保证钻井液在环空静置时的动力稳定性。

钻井液的发展是由类似于溶胶体系的分散钻井液发展起来的，很容易受到无机电解质的影响。在油气钻井过程中，若使用分散钻井液体系，在遇到外来的盐侵和钙侵时，容易发生黏土颗粒过度絮凝的现象，若无机盐浓度继续增大，则会发生黏土颗粒的聚结。所以若不及时调节，会导致钻井液失效。因此，溶胶的聚结稳定性理论对钻井液的优化设计和现场应用具有重要的指导意义。

第二节 钻井液与完井液化学

钻井液是油气钻井过程中，以其多种功能满足钻井工作需要的循环流体的总称，俗称泥浆（muds）。完井液则是用于钻开储层的钻进液、修井液、隔离液等。

一、钻井液的作用

钻井液在油气钻井工程中的主要作用包括：
① 清洗井底，携带和悬浮岩屑及加重材料；
② 形成滤饼，保护井壁；
③ 控制和平衡地层压力；
④ 冷却和润滑钻头及钻柱；
⑤ 提供所钻地层的有关资料；
⑥ 将水功率传递给钻头，提供水动力。

二、钻井液的组成

配制各种钻井液所用的物质称为钻井液配浆材料，其中包括原材料及处理剂。原材料主要指加量较大的组分，例如黏土、水、油和加重材料等。

1. 黏土

钻井液原材料中的配浆土是黏土。黏土主要是由极细的黏土矿物（含水的铝硅酸盐）颗粒组成，颗粒大多小于 $2\mu m$。由于黏土矿物的形状是微小的片状晶体或小片状体，且在表面和边缘上荷电，因而在水中有分散性、带电性和离子交换性，使得钻井液具有流变性能和滤失特性，在静止时形成可逆的弱凝胶结构。

黏土按照用途可以分为三种主要不同的类型。

1) 膨润土

膨润土是配制水基钻井液的基础原材料。一般要求 1t 干黏土可配制黏度为 $15mPa \cdot s$ 的钻井液不低于 $16m^3$。钠膨润土的造浆率较高，钙膨润土需经纯碱等分散剂处理后才能提供足够的黏度和切力。我国把水基钻井液用土分为三个等级：一级为符合 API 标准的钠膨润土；二级为改性土，经改性符合 OCMA（Oil Company Materials' Association）标准要求；三级为较次的配浆土，仅用于配制要求不高的钻井液，如堵漏用的钻井液等。

膨润土在钻井液中主要有以下作用：
① 增加钻井液的黏度和切力、提高井眼净化能力；

② 在井壁形成低渗透率的致密滤饼，降低钻井液的滤失量；
③ 稳定井壁，平衡地层压力；
④ 防止井漏。

2) 抗盐黏土

抗盐黏土矿物包括海泡石、凹凸棒石及坡缕缟石等，它们都是含水的铝镁硅酸盐。其晶体构造为纤维状或棒状，有极大的内表面，水分子可以进入其内部孔隙，因此吸附水的能力较强，有抗盐和耐温的特点，在盐水甚至饱和盐水中能形成较大黏度和切力，满足海洋钻井或大块盐岩层的钻进。海泡石钻井液的热稳定性好，常用来打地热井或超深井。缺点是滤失量大，必须配合使用大量的降滤失剂。

3) 有机膨润土

以阳离子表面活性剂覆盖钠土或抗盐黏土表面，改变黏土颗粒表面的润湿性能，将黏土颗粒的亲水表面改变为亲油表面，经过处理后，黏土颗粒可以在油中分散。有机膨润土可以用来配制油基钻井液（或解卡液），用于钻进复杂地层，例如盐膏层、超深井及完井等各种作业。

2. 水

水基钻井液的最主要成分是水，在水基钻井液中作为分散介质。对钻井液而言，水一般分为三类：淡水，含可溶性盐类较少，总盐度小于 10000mg/L；咸水，含钙离子、镁离子较多，如海水或硬水；盐水或饱和盐水，含钠盐较多。

3. 油

油是配制油基钻井液的主要原材料，在油基钻井液中作为分散介质，沥青或有机膨润土作为分散相。以前常用柴油或原油配浆。现在，为了满足 HSE 管理的要求，为了减少油基钻井液的生物毒性，多用低毒矿物油或白油来配制油基钻井液，以减少对环境的污染，同时也能提高对油气层的识别能力。原油仅在某些特定条件下（如射孔或解卡）使用。

三、钻井液的分类

钻井液按密度可分为低密度钻井液和高密度钻井液，或非加重钻井液和加重钻井液；按对黏土水化作用的强弱可分为抑制性钻井液和非抑制性钻井液；按钻井液分散体系中连续相的不同可分为水基钻井液、油基钻井液和气体钻井液三种。水基钻井液在实际钻井作业中一直占主导地位。

1. 水基钻井液（water-base drilling fluid 或 water-base drilling mud，WBM）

水基钻井液是以水作连续相的钻井液。

1) 分散钻井液

分散钻井液是由淡水、配浆膨润土和各种对黏土、钻屑起分散作用的处理剂（简称分散剂）配制而成的水基钻井液。

其中起分散降黏作用的分散剂除了无机碱之外，还有多聚磷酸盐、丹宁碱液、木质素磺酸盐和磺化褐煤等，主要起降滤失作用的分散剂有钠羧甲基纤维素（Na-CMC）和聚阴离子纤维素等。以磺化栲胶（SMK）、磺化褐煤（SMC）和磺化酚醛树脂（SMP）作为主要处理剂的"三磺"钻井液是我国深井钻进的代表性分散钻井液，主要用于钻 4500m 以上的深井，可以耐 160~200℃ 的高温，有效地降低了钻井液的高温高压滤失量，从而提高了井壁的稳定性。特别是加了 SMP 后，随着井深及压差的增加，滤失量增加很少，改善了滤饼质量。但该体系不适用于纯盐膏层和井塌严重的地层。

2）钙处理钻井液

钙处理钻井液体系中含有一定量的钙离子和分散剂。Ca^{2+} 与钠膨润土发生离子交换，将部分钠土转变为钙土，减弱黏土的水化；分散剂如铁铬木质素磺酸盐（FCLS）、煤碱液（NaC）等则是防止 Ca^{2+} 对黏土颗粒的过度絮凝，以维持钻井液的流变性能，在一定程度上可以控制泥页岩的坍塌和井眼扩大，减轻对储层的损害。同样，根据钙的来源可将钙处理钻井液分为石灰钻井液、石膏钻井液和氯化钙钻井液。石灰钻井液中的石灰含量一般为 3000~6000mg/L，Ca^{2+} 含量保持在 120~200mg/L；石膏钻井液中石膏含量保持在 6000~12000mg/L，Ca^{2+} 含量保持在 600~1200mg/L；氯化钙钻井液中，Ca^{2+} 含量更高。

3）盐水钻井液

盐水钻井液是用盐水或海水配制而成的，其氯化钠质量分数为 1% 至饱和之前，主要应用于下述几种情况：造浆水含盐量高；地层中有盐水流；钻遇盐岩层；抑制水敏性页岩地层的水化。

4）饱和盐水钻井液

饱和盐水钻井液可以用饱和盐水配成，也可以先配成钻井液再加盐至饱和，主要用于钻其他钻井液难应付的大段盐岩层和复杂盐膏层，也可用作完井液和修井液。

5）钾基钻井液

钾基钻井液是以各种聚合物的钾、铵、钙盐和 KCl 为主处理剂的防塌钻井液。各种无机盐中，以 KCl 抑制黏土水化分散的能力最强，具有强絮凝和包被能力的高相对分子质量聚合物可增强体系对井壁的稳定作用。其特点是：对水敏地层的防塌效果好，抑制泥页岩造浆的能力强，可维持较低的钻井液密度和固相含量，对储层中的黏土矿物有一定的稳定作用。

6）不分散聚合物钻井液

不分散聚合物钻井液是以有絮凝和包被作用的高相对分子质量聚合物为主处理剂的水基钻井液。高分子使体系中的各种固相颗粒保持在较粗的粒度范围内，同时所钻出的岩屑也因受到包被作用而不易分散成微细颗粒。该类钻井液是国内外使用最广泛的钻井液类型之一。其优越性有：钻井液密度和固相含量低，机械钻速快；剪切稀释作用强；有利于保持井壁稳定；对产层伤害较小，主要用于井深不超过 3500m、井温不超过 120℃ 的井段。可以加入磺化沥青等来改善滤饼质量。其性能一般有如下要求：固相含量最好小于 4%；岩屑与膨润土的质量比控制在 (2~3)∶1，动切力与塑性黏度之比控制在 0.48 左右等。在"三磺"钻井液的基础上引入阳离子的有机聚合物作为强抑制剂，形成深井钻进过程中性能更好的"聚磺钻井液"。

2. 油基钻井液（oil-based drilling fluid 或 oil-based drilling mud，OBM）

油基钻井液是以油作为连续相的钻井液，是为了钻复杂地层以及钻定向井、完井和修井的需要而发展的。与水基钻井液相比，油基钻井液具有耐高温、耐盐、稳定井壁、润滑性好和对油气层伤害较小等优点，是钻高难度的高温深井、大斜度定向井、水平井和复杂地层的重要手段。

油基钻井液根据其中的油水比可以分为以下两类。

1) 油包水乳化钻井液（invert emulsion drilling fluid）

该种油基钻井液以油为连续相，高矿化度的水（体积分数可高达50%）作分散相，乳化剂作稳定剂，又称为逆乳化钻井液。目前主要使用油水体积比在（50~80）:（50~20）范围的油包水乳化钻井液。连续相的油通常为柴油或低毒矿物油（白油），又称为基油。常用的乳化剂为有机酸的多价金属盐表面活性剂，如硬脂酸钙、烷基磺酸钙、烷基苯磺酸钙和斯盘-80等。有机土和氧化沥青等分散在油中的亲油胶体主要用作增黏剂、悬浮剂和降滤失剂。有机土是由膨润土与季铵盐类阳离子表面活性剂作用后的亲油黏土，常用的季铵盐有十二烷基三甲基溴化铵和十二烷基二甲基苄基氯化铵。氧化沥青主要由沥青质和胶质组成，主要起降滤失的作用，另外还有石灰和加重材料等。石灰主要是维持油基钻井液的pH值在8.5~10，以防止钻具的腐蚀。常用的加重材料是重晶石。

2) 普通油基钻井液（oil-base drilling fluid）

该种油基钻井液通常由柴油、氧化沥青、有机土以及其他化学剂配制而成，含水量不应超过10%。该类钻井液用得较少。

油基钻井液由于成本较高、钻速较低，对环境会造成一定污染，因而使用范围受到限制。

3. 泡沫钻井液（foam drilling fluid）

泡沫钻井液是以水作连续相、气体作分散相、起泡剂作稳定剂的钻井液。

目前用于钻井完井的主要是稳定泡沫，由空气（或其他气体）、液相、起泡剂和稳定剂组成。气液体积比一般为（90~98）:（10~2）。由于泡沫的密度低，产生的静液柱压力也极小，因此具有保护油气层、提高钻速、延长钻头寿命等优点。主要用作完井液和钻坚硬地层和低压易漏地层。起泡剂一般为磺酸盐和硫酸酯盐型表面活性剂，稳定剂则为水溶性高分子，如钠羧甲基纤维素、羟乙基纤维素和生物高分子等。基本配方如下：

膨润土$(30~40kg/m^3)$+CMC$(1.5~2.5kg/m^3)$+纯碱$(2~2.5kg/m^3)$+起泡剂$(5~10kg/m^3)$

另外还有空气或天然气、雾及充气钻井液三种气体类钻井流体。它们是为了钻低压油气层、严重漏失层或坚硬不含水的地层而发展起来的。气体钻井可有效提高钻速，有利于保护油气层。

4. 合成基钻井液（synthesis-based drilling mud，SBM）

20世纪80年代，国外研制合成基钻井液（SBM）体系，它既具有OBM的作业性能，又具有WBM的低毒性等特点。SBM以有机合成物为外相，以盐水为内相，并加有乳化剂、降滤失剂、增黏剂和稀释剂等组分。SBM被认为是OBM的替代体系。20世纪90年代初SBM投入使用，取得了很好的效果，1994年被列入API认可的钻井液体系，从此开始形成水基钻井液、油基钻井液和合成基钻井液三大类并驾齐驱的局面。合成基钻井液起初研制的主导思想是将天然矿物油换成改性植物油或人工合成有机物。合成基钻井液其实与常规油包水乳化钻井液没有本质区别，但是前者使用以脂肪烃（如α-烯烃等）为主要成分的精制油代替油基钻井液常用的柴油，因而减轻了对环境的污染，尤其减轻了对海洋生物造成的危害。其液体的物理化学性质与矿物油相近，毒性很低，因此又称为低毒油包水乳化钻井液。

这些有机物多为$C_{18}~C_{24}$的直链分子，分子链上也多有双键。根据组成不同，可以将其分为酯基、醚基、聚α-烯烃基、直链烷基苯基钻井液等几种。

1) 酯基钻井液（ester-based mud）

酯是有机脂肪酸在酸性条件下与醇反应制得的。酯类合成基主要用植物油制成。天然植物油是多种高级脂肪酸甘油酯的混合物，脂肪酸主要含油酸和亚油酸，大多由植物油如菜籽油、豆油、棉籽油等衍生而来，性能特征的关键是合理选择酯基官能团的位置及碳氢链的长度，以保证最小的流体黏度、最大的水解稳定性及最低的毒性。一般情况下，碳链越长且支化度越高，水解的难度也越大；反之，若碳链越短，酯的黏度也越低。因而合理调节酯分子中烃基的的长度，可以配制出具有较高的水解稳定性和较低黏度的性能优良的酯基钻井液。国外典型的酯基钻井液配方与油基钻井液相似，所含物质的量也大致相同。除了基液和 $CaCl_2$ 盐水外，体系中还有有机土、乳化剂、降滤失剂、降黏剂、流变性调节剂、石灰和重晶石等。

钻进过程中，遇酸性气体侵入或石灰层时，酯会发生水解，水解的难易与酯中碳链的长短以及支化度有关。基液的热解温度高于200℃，由于受钻井液中乳化剂和流变性调节剂的影响，酯基钻井液的热降解温度约为140℃。酯基钻井液具有优良的润滑性，适合于钻大斜度井和大位移井。酯基钻井液的页岩抑制性比柴油基弱，但是比水基钻井液的页岩抑制性强得多。因此酯基钻井液钻进时，不会发生因泥页岩水化而引起的井壁坍塌等现象。厌氧降解是酯基钻井液生物降解的主要方式。

酯基基液与柴油相比，有较高的闪点，而其倾点较低，即酯不易燃，流动性较好，在生产、储存、运输以及应用过程中安全性更高。酯具有较高的黏度，在配制钻井液时要求低密度，或者高油水比。基液中不含芳香烃，具有环境安全性。

大部分酯基钻井液配方中含有低剪切速率流变性调节剂（SRM），也有人称其为乳化剂，是一类脂肪酸的齐聚物，是一种饱和脂肪酸，相对分子质量在1500以下，易于溶解及蒸馏。这种处理剂可以提高低速率下合成基钻井液的黏度，增加乳状液的稳定性和体系的沉降稳定性，提高悬浮和携带钻屑的能力，还可以减小温度对体系黏度的影响，有利于配制高密度的钻井液。因而酯基钻井液可以有良好的流变性，在大位移井的钻进过程中，可以很好地清洁井眼。

酯基钻井液最早在北海挪威区域的油气田使用，先后钻成10口定向井，斜角大于80°的有6口井，钻井速度得到提高，空气污染程度比油基钻井液低10%，允许直接排放钻屑，在含氧条件下35天后有82.5%被降解，而相同条件下矿物油只有3.9%被降解。

2) 醚基钻井液（ether-based mud）

醚类可由醇类与醇类之间反应脱去水分子生成。醚基钻井液用的主要是二乙醚（Di-Ether），它是由乙醇脱水而制得的。醚分子结构中无活泼的羟基，在水溶液中不会电离，性质较稳定，因而有较好的抗盐、抗钙能力。这类钻井液是以醚为连续相，以盐水或海水为分散相，配合使用乳化剂、降滤失剂和流型改进剂等。

3) 聚α-烯烃基钻井液（poly α-olefin-based mud，PAO）

聚α-烯烃是由α-烯烃（双键处于端部的烯烃）聚合而成的直链非芳香烃的有机化合物。已用于钻井的PAO由催化聚合直链型α-烯烃制成，也可由低级烯烃（乙烯）聚合或石蜡加热裂解得到。如在适当催化剂、1~3MPa 和 0~20℃条件下，将乙烯聚合可得到 C_4~C_8 的α-烯烃。

关键是控制聚合条件以保证形成直链烃，同时还应有双键存在于分子中，以利于降解及低毒。PAO 不随温度、压力而改变特性，而酯在碱性条件下易发生不可逆的皂化反应，因此 PAO 比酯更能抗高温和石灰污染，其缺点是不易降解。

1992 年，在北海的中部盆地用 PAO 钻了第一口井，PAO 用于 1920～4592m、井眼倾角平均为 55°的井段，地层由古近—新近纪活性页岩组成。PAO/水配体积比为 80/20，13 天就钻完这一井段，其抑制性与油基钻井液相等，机械钻速比油基钻井液提高 15%。

4）直链烷基苯基钻井液（LAB）

直链烷基苯基钻井液是在苯环上接饱和碳氢化合物而制得的，LAB 能很快展开成长烷基链。

目前酯基钻井液用得最多，其次为聚 α-烯烃合成基钻井液。用普通乳化剂即可使乳状液稳定，但要保持低滤失量（如 10mL/30min），则需要提高乳化剂浓度并配合其他处理剂。合成基钻井液基液的温度极限虽然可达 219℃，但多数乳化剂的降解温度却低至 93～49℃，因而 SBM 使用的温度范围也下降，约为 121～176℃。

多数乳化剂对热稳定性和在海水中分散性的影响是相对立的，在配制的 SBM 中，往往需要同时加入 W/O 型和 O/W 型乳化剂。

按照 API 标准，目前均采用 96h 生物鉴定试验法来测定钻井液的毒性。首先记录一定数量的试验生物在 96h 内在每种浓度下残存的量，然后作生物致死率与浓度的关系图，如图 2-13 所示，即可得出生物致死 50%的浓度值（LC50 值，用来表示毒性的大小）。可见，LC 值越大，毒性越小，反之则毒性越大。LC50 值超过 10000mg/L 时，可认为基本无毒性。

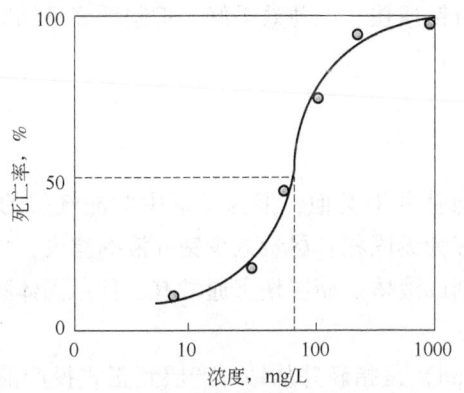

图 2-13 根据试验生物死亡率与浓度关系曲线确定 LC50 值

对于油的毒性评价可按照美国国家环境保护局（EPA）制定的生物鉴定程序进行。首先将矿物油与海水以体积比 1∶9 混合 30min，静置 1h 后分离出的水相被认为是含有 100%水溶性组分，常记为 100mg/L（即 100%）WSF（water-soluble fraction）。然后将水相稀释成不同浓度，分别测 LC50 值。

对于钻井液的毒性评价可按照 API 的"钻井液生物鉴定标准程序"进行。目前测定钻井液的毒性均采用 96h 生物鉴定实验法。具体做法是使一定数量的浮游动物糠虾经受 96h 不同浓度毒物的毒害，分别记录每种浓度下所残存的生物数量。然后，以死亡比率与浓度的关系作图，由图中曲线即可得到使 50%试验生物致死的浓度值，该浓度值被称为 96h LC50 值，用以表示毒物毒性的大小。该值越大，表示钻井液的毒性越小，见表 2-2。

表 2-2 毒性等级的分类

类别	96h LC50 值,mg/L
无毒性	>10000
微毒性	1000~10000
中等毒性	100~1000
毒性	1~100
剧毒性	<1

具体做法如下。将钻井液分成三相,即液相、悬浮相和固相,分别进行测试。首先钻井液与海水以体积比1:4混合30min后,用醋酸将pH值调节至与海水近似,静置1h后,用过滤器将上层海水过滤,滤液即为液相。容器底部的沉淀为固相,中间部分为悬浮相。然后分别稀释成不同浓度,用糠虾和银汉鱼测LC值。固相的毒性评价是将硬壳蚌置于容器底部的一层纯净细砂上,上部为海水,向海水中倒入一定体积的钻井液,静置1h后在细砂上覆盖厚约1.5cm的钻井液固相,用10d后硬壳蚌的存活率表示钻井液固相的毒性。

实验证明矿物油及矿物油钻井液的毒性比柴油基钻井液的毒性小得多,而矿物油在钻屑上的滞留量比柴油也少得多。而且矿物油钻井液具有柴油钻井液的一切特性和优点。例如,一般LC50值超过1%时,可认为基本无毒。目前研制的典型酯基钻井液的LC50大于2%。

一般SBM费用是OBM费用的4~6倍,但它节省了用油基钻井液处理钻屑(如陆地深埋或溶剂萃取油相回收)和环境罚款的费用,也减少了水基钻井液因达不到钻井性能要求而损失的钻进时间。总的费用低于OBM,甚至有的比WBM还低。因此,合成基钻井液是一种高效低毒钻井液,使用时钻速快、洗井效果好,抑制性好且钻时损耗最低。尤其适用于海上钻探和钻各种复杂地层。

四、完井液

完井液的成分和配方与钻井液类似,但为了减少对油气层的污染,要求更高的性能指标。如尽量减少固相,最好为无固相;尽量减少钻井液的滤失,要求采用不与地层反应的加重剂,用可以酸化的加重剂或液体。储层伤害通常有三种:固体物堵塞、液体性质改变和岩石性质改变。

完井液(completion fluid)是指新井从钻开产层到正式投产前,由于作业需要而使用的任何接触产层的液体,而修井液(workover fluid)是指修井时用的入井液体。完井液及修井液都要与油层接触,因此均可能进入产层。而多数油层对外来流体敏感,易受到伤害。

1. 油层伤害的原因

油层受到伤害主要是油层原有的物理性质发生了变化,特别重要的因素是油层渗透率的改变。油层渗透率发生变化的主要原因有两个:第一是打开油层直到油井投产期间用来完井及修井的各种流体侵入了油层通道,第二是生产过程中储层中的流体流向井筒经过油层通道。

防止或减轻油层伤害的方法有以下两种:

① 减少外来物的侵入。控制压差,在不发生井喷的前提下,尽可能降低外来压力;缩短浸泡油层时间;控制作业液的滤失。

② 选用与油层相匹配的作业液。其物理性能须满足工程作业要求;液相中的溶质须与

油层中的各组分匹配；固相含量一般不超过 2mg/L。

2. 完井液类型及组成

钻开油气层的钻井完井液实际使用时，应根据所钻油层的地层压力、岩石组成结构特性及地层流体情况等不同条件，选择不同类型和不同组成特性的钻井完井液。

1）按成分及作用原理分类

国内外使用的钻井完井液种类很多，按其成分及作用原理大体可分为三大类。

（1）气体类

气体类包括空气、雾、泡沫、充气钻井液等。

（2）水基类

水基类包括无固相清洁盐水钻井液、无黏土有固相完井液（暂堵型体系）和改性钻井液等。以水为分散介质的分散体系，是国内外目前应用最广泛的一类体系。常用的有六大类：

① 无固相清洁盐水。由清水和一种或几种无机盐组成的盐水溶液，密度范围为 $1\sim 2.30g/cm^3$，由盐的浓度和各种盐的比例确定。常用的盐有氯化钠、氯化钙、溴化钙和溴化锌等。常用盐水的密度范围见表2-3。此种体系的缺点是成本高、工艺复杂且易伤害地层，不适用于盐敏性地层。

表2-3 各类盐水基液所能达到的最大密度

盐水基液	21℃饱和溶液密度 g/cm^3	注意事项
NaCl	1.18	增黏剂：HEC、XC；控制 pH 值：NaOH、Ca(OH)$_2$；地层中有 H$_2$S 时，提高 pH 值至 11
KCl	1.17	混合盐水中占 3%～7%，抑制充分
NaBr	1.39	
CaCl$_2$	1.40	可与 NaCl 配合使用以降低成本
KBr	1.20	
NaCl/CaCl$_2$	1.32	
CaBr$_2$	1.81	
CaCl$_2$/CaBr$_2$	1.80	密度高时防止结晶的析出
CaCl$_2$/CaBr$_2$/ZnBr$_2$	2.30	甲酸盐钻井液密度达 $2.20g/cm^3$

② 有固相无黏土相完井液。盐水中加入一些既可加重完井液又利于滤饼形成的固体粒子，在后期可用特殊方法将堵塞消除的体系，又称为暂堵型完井液。由水相和暂堵剂组成，水相是与地层相适应的有各种无机盐和抑制剂的溶液。若暂堵剂为酸溶性粒子，常用的体系有聚合物碳酸钙完井液，由盐水、聚合物、碳酸钙微粒、加重剂和其他处理剂组成，密度为 $1.03\sim1.56g/cm^3$，作业后，可用酸化方法消除产层内的堵塞；水溶性暂堵剂是可溶盐粒，体系主要由饱和盐水、聚合物、盐粒和其他处理剂组成，盐粒在饱和盐水中不溶，起桥堵、加重和控制滤失的作用，作业后，用淡水或非饱和盐水清洗即可去除。另外还有油溶性体系，由油溶性树脂、盐水、聚合物及其他处理剂组成，树脂可以投产使用，不宜用于力学因素造成的井壁不稳定地层。有井内流体静压力低、携屑能力强、液量低和无固相等特点。缺点是不能回收，无法循环使用。

③ 钻开油气层的水包油钻井液。储层所用的钻进液为水基时，通常宜加入大量的油作

为内相，配成水包油型的乳状液，以提高与地层流体的配伍性，增强润滑性能。

④ 低膨润土暂堵型聚合物钻井液。钻开储层时，应尽量减少膨润土在钻进液中的使用，固相颗粒可以用超细碳酸钙等暂堵剂，以减轻对储层的伤害。

⑤ 改性钻井液。钻开储层时，通常为了节省成本，直接使用前期的钻井液，仅在固相组分及级配上做适当的调整。

⑥ 屏蔽暂堵钻井液。这是目前常用的钻开储层所用的钻井液，主要特点是使用了屏蔽暂堵剂，常用的屏蔽暂堵剂见表2-4。

表 2-4 屏蔽暂堵剂类型

暂堵剂	常用组分	注意事项
酸溶性	超细碳酸钙、$FeCO_3$	平均 60μm，最大 160μm； 加量一般为 3%~5%； $CaCO_3$ 可用于加重 1.68g/cm³ 以下的钻井液； 加适量缓蚀剂、除氧剂、高温稳定剂
水溶性	细目氯化钠、复合硼酸盐	由饱和盐水、聚合物、固体盐粒、缓蚀剂组成； 密度范围为 1.04~2.30g/cm³； 用低矿化度水解堵，故不宜用于强水敏性储层
油溶性	树脂	脆性(用于架桥颗粒)，例如聚苯乙烯、改性酚醛树脂和二聚松香酸等； 具有可塑性(用于充填颗粒)

(3) 油基类

油基类包括油基钻井液、油包水乳化钻井液等。

油基类钻井完井液包括油包水型乳状液（如逆乳化钻井液）和油分散性固相在油中的分散体系（如油基钻井液）。它们都具有热稳定性好、密度范围大、易于调整、能抗各种盐类污染、对泥页岩有很强的抑制性、稳定井壁、防腐等优点，而且由于滤液为油相，避免了油层的水敏作用。因此一般认为对油层产生很低的损害，被看成是既能满足各种作业要求，又能保护油层的效果很好的完井液。它可以广泛地应用于钻开油层、扩眼、射孔、修井等作业中，也可用于低压油层的砾石充填液，并都在实践中取得了好的效果。但也应考虑其经济性和安全性。

实践证明，油基完井液对油层仍然可能产生伤害。无论哪一种油基完井液对地层伤害的机理都类似，且可以归纳为：①使油层润湿反转，降低油的相对渗透率；②与地层水形成乳状液堵塞油层；③亲油性粒子的微粒运移；④完井液中固相离子侵入油层。

2) 按用途分类

(1) 钻进液

钻进液是指用来钻开油层、在油层中扩眼或在油层部位侧钻或加深的作业液，也叫钻井完井液。

钻进液要求不改变或较少改变油气层渗透性、孔隙度和润湿性，应有效抑制储层中黏土的水化膨胀和微粒的分散运移，并与储层流体配伍。对于特低渗透性储层，可选用利于安全快速钻进的聚合物钻进液，加快钻速，减小油气层的浸泡时间，降低钻井成本。对于低压低渗储层，可根据储层压力系数来选用钻进液。对于中、高渗透性储层，应尽量用清洁盐水完井液和聚合物低固相完井液，同时实施各种暂堵技术以提高渗透率恢复值。对于裂缝性砂岩和碳酸盐岩储层，应尽可能实现近平衡钻井，使用合适的暂堵剂。对于稠油层，多采用无固相完井液或加有各类暂堵剂的无黏土的固相钻井液。对于所有储层，都可按 1/3 架桥规则来选用适当的酸溶、水溶或油溶性暂堵剂，使渗透率恢复值大于 60%。

（2）隔离液（spacer fluid）

隔离液是指在注水泥作业中，为防止水泥浆与钻井液相互侵污而配制的作业液，或隔离两种不能配伍的流体。

隔离水基钻井液与水泥浆时应用水基隔离液，隔离油基钻井液时应用油基隔离液。隔离液在管柱内的合理高度为 300m，不得低于 150m。替换钻井液的隔离液密度应比钻井液的密度大 $0.2\sim0.3\mathrm{g/cm^3}$，漏斗黏度应比被替换的钻井液大 $15\sim40\mathrm{s}$。

（3）封隔液（packer fluid）

封隔液是指在产层之上（即封隔器以上），套管与油管间或同心套管环形空间，支持和保护套管，保证修井作业的作业液。

常用的封隔液有清洁盐水、Na-CMC 溶液、改性钻井液和油基钻井液。油基钻井液可耐温 200℃，密度调节范围在 $0.94\sim2.4\mathrm{g/cm^3}$ 之间。

（4）套管充填液

套管充填液是指用于套管与地层环空之间的稳定井眼，提供润滑效能，以便回收套管的作业液。

（5）射孔液（perforating fluid）

射孔液是指套管射孔时用的液体。由于射孔孔眼穿入油层一定深度，因而有时其不利影响比钻井液的影响还严重。射孔液总的要求是应与油层岩石和流体配伍，防止对油层的损害，还要求成本低、配制方便并且满足施工要求。常用的射孔液有无固相清洁盐水、聚合物液、油基和酸基等。

使用无固相清洁盐水体系时，应考虑选择适当的盐、盐浓度、黏土稳定剂、防乳破乳剂和缓蚀剂等处理剂。射孔液密度要求不大时，一般用氯化钠或氯化钾，储层中存在钠微晶高岭土时不宜用氯化钙，因为会引起絮凝或黏土收缩。聚合物射孔液主要用于可能会产生裂缝或高渗透的产层及射孔压差较大、速敏（正压差较大且油层渗透率较高时导致的射孔液滤失速度增大的现象）较严重的油层，在无固相盐水射孔液的基础上加入水溶性高分子来调整流变特性和控制滤失量。油基射孔液可以是油包水型乳状液，也可以直接用原油或柴油加入处理剂作为射孔液。酸基射孔液由一定量的醋酸溶液或 50% 的稀盐酸溶液加入黏土稳定剂、破乳剂和缓蚀剂等各种处理剂配制而成。

（6）砾石充填液（gravel-packing fluid）

砾石充填液是指将砾石携带至井下预定位置的液体，用以封堵松散的砂层，选用规则与封隔液相同。

（7）压井及洗井液

压井及洗井液是指压井及洗井作业过程中使用的液体。

（8）修井液（workover fluid）

修井液是指修井或为了维护和提高油井产能而进行的作业过程中使用的流体。修井工序一般包括：砂量控制与测量、套管修理、重新钻井、修理或更换井下设备、清除井眼中的有害固体和处理井下各种事故。一般要求有适当的密度以控制地层压力、保持井眼清洁、与储层及井内钻井液配伍并且对储层损害小。修井液可由无机盐及酸溶性加重剂配制,也可用油基钻井液。

第三节 钻井液与完井液处理剂

钻井液处理剂(drilling fluid agents)是能调节钻井液性能的物质。处理剂是钻井液的核心组分,很少的加量就能对钻井液的性能产生很大的影响。

处理剂根据其化学组成的不同,可以分为无机物类和有机物类。有机物类包括表面活性剂类(例如起泡剂和乳化剂等)以及高分子化合物类(例如要作用钻井液絮凝剂和降滤失剂的部分水解聚丙烯酰胺 HPAM 等),根据其来源的不同,又可以分为天然产品、天然改性产品和有机合成化合物。

一、无机处理剂

钻井液中常用的无机处理剂是水溶性的无机碱类和盐类,通过提供无机阳离子和阴离子来起相应的作用,或与水成胶体或生成络合物而起特殊作用。常用的无机处理剂见表 2-5。

表 2-5 常用无机处理剂

无机处理剂	在钻井液中的作用
纯碱	离子交换吸附作用;沉淀作用
烧碱	调控钻井液的 pH 值;与有机处理剂生成可溶性盐;沉淀作用
石灰	絮凝作用;调节 pH 值;堵漏作用
石膏	絮凝作用(避免 pH 值过高)
氯化钙	絮凝作用(pH 值降低)
氯化钠	抑制溶解作用;抑制泥页岩水化膨胀作用;暂堵作用
氯化钾	页岩抑制作用(抑制页岩渗透水化)
硅酸钠	聚沉作用;抑制泥页岩水化膨胀作用;堵漏作用
重铬酸盐	络合作用;抗温作用(因其有毒性,现在已禁止使用)
磷酸盐	稀释作用;络合作用;沉淀作用
正电胶	絮凝作用;页岩抑制作用

用于平衡井底压力、防止井喷事故发生的加重材料均是无机处理剂。除了加重要求外,钻井液还要求有一定的 pH 值,控制钻井液碱度的化学剂称为碱度和 pH 值控制剂(pH control agents)。钻井液的 pH 值对钻井液的配制和性能的调节影响很大,每种钻井液体系都有其最佳的 pH 使用范围。在油气钻井过程中,盐水侵或钙镁侵一般会使钻井液的 pH 值下降,而受水泥侵时,pH 值则会上升,所以在油气钻井过程中,经常需要调节钻井液的 pH 值。一般用烧碱或纯碱来调节,有时为了提高对黏土的抑制作用,还用 KOH 和碳酸钾。通常要求 $pH=8\sim11$,以满足油气钻井过程中的以下要求:①减轻对钻具和套管的腐蚀;②使黏土颗粒处于适度分散状态;③抑制钙、镁盐的溶解;④有利于有机处理剂溶解。

可见，钻井液中的无机处理剂，除了加重剂的加重作用，防止井塌井喷外，主要作用机理为：①离子交换吸附；②调控钻井液的 pH 值；③沉淀作用；④络合作用；⑤与有机处理剂生成可溶性盐；⑥抑制溶解的作用。

1. 纯碱

钻井液配浆时通常需要加入一定的纯碱来调节 pH 值，主要起以下作用。

1) 离子交换作用和沉淀作用

配浆用的膨润土若含有较多的钙离子，则造浆率较低，纯碱可以将钙黏土变为钠黏土，提高钻井液造浆率，反应过程为

$$Ca—黏土 + Na_2CO_3 \longrightarrow Na—黏土 + CaCO_3 \downarrow$$

加入纯碱能有效改善黏土的水化分散性能，使钻井液滤失量下降，黏度、切力增大。但过量的纯碱会导致黏土颗粒发生聚结，使钻井液性能受到破坏。其合适加量需通过造浆实验来确定。

2) 沉淀作用

在钻水泥塞或钻井液受到钙侵时，为了去除 Ca^{2+} 的影响，往往需要加入一定量的除钙剂，纯碱可以通过与 Ca^{2+} 生成碳酸钙沉淀来去除 Ca^{2+}，反应过程为

$$Na_2CO_3 + Ca^{2+} =\!=\!= CaCO_3 \downarrow + 2Na^+$$

3) 增加有机处理剂的溶解性能

含羧钠基官能团（—COONa）的有机处理剂在遇到钙侵（或 Ca^{2+} 浓度过高）而降低其溶解性时，一般可采用加入适量纯碱的办法恢复其效能。

2. 烧碱

在海洋油气钻井时，通常直接用海水来配浆。由于海水的矿化度较高，其中含有的钙离子、镁离子会影响造浆。所以通常用烧碱来配海水或盐水浆，主要起以下作用。

1) 调控钻井液的 pH 值

烧碱是强碱，质量分数为 10% 的 NaOH 溶液的 pH 值可达 12.9。所以它主要用于调节钻井液的 pH 值，可以在矿化度较高的水中使用。

2) 与有机处理剂生成可溶性盐

水基钻井液中常用的有机处理剂需要保持一定的溶解性能才能很好地发挥作用，这些处理剂，如天然产品丹宁、褐煤等酸性处理剂需要与碱一起配合使用，使之分别转化为丹宁酸钠、腐殖酸钠等有效成分。

3) 沉淀作用

海水用于配制钻井液时，通常需要先用烧碱处理，烧碱与 Mg^{2+} 生成 $Mg(OH)_2$ 沉淀，然后再用纯碱去除海水中 Ca^{2+} 的影响。此外，烧碱还可以用于控制钙处理钻井液中 Ca^{2+} 的浓度等。

3. 石灰、石膏和氯化钙

这三种含有钙的化合物可以用于配制石灰钻井液、石膏钻井液及高钙体系，主要起以下作用。

1) 絮凝作用

在钙处理钻井液中，它们可以提供 Ca^{2+}，以控制黏土的水化分散能力，使之保持在适度絮凝的状态；在油包水乳化钻井液体系中，通常用氯化钙来提供矿化度和 Ca^{2+}。

2）调控钻井液的 pH 值

在油包水乳化钻井液中，CaO 用于使烷基苯磺酸钠等乳化剂转化为烷基苯磺酸钙，并调节 pH 值。

4. 氯化钠

氯化钠俗名食盐，白色晶体，常温下密度约为 $2.20 g/cm^3$。纯氯化钠晶体不易潮解，但含 $MgCl_2$、$CaCl_2$ 等杂质的工业食盐容易吸潮。常温下在水中的溶解度较大（20℃时为 36g/100g 水），且随温度升高，溶解度略有增大，在钻井液中主要起以下作用。

1）抑制溶解作用

氯化钠主要用于配制盐水钻井液体系和饱和盐水钻井液体系，用来防止岩盐井段的溶解，并抑制井壁泥页岩的水化膨胀。

2）屏蔽暂堵作用

在钻开储层时，为了避免伤害油气层，油田一般使用屏蔽暂堵技术，可以用氯化钠作为水溶性暂堵剂，也可用于配制无固相清洁盐水聚合物钻井液。

5. 氯化钾

氯化钾是白色立方晶体，常温下密度为 $1.98 g/cm^3$，易溶于水，且溶解度随温度升高而增加。它在钻井液中主要起页岩抑制作用，对膨胀型黏土矿物有很强的抑制作用。氯化钾可用于配制油田现场普遍使用的钾基聚合物钻井液体系，防止井壁的坍塌，所以也称为无机防塌剂。

6. 硅酸钠

现场使用的是偏硅酸钠，俗名水玻璃或泡花碱，分子结构式为 $Na_2O \cdot nSiO_2$，n 为水玻璃的模数（二氧化硅与氧化钠的分子个数之比）。n 值越大，碱性越弱。$n>3$ 时为中性水玻璃，$n<3$ 时为碱性水玻璃。有三种类型的玻璃：固体水玻璃、水合水玻璃和液体水玻璃。固体水玻璃与少量水或蒸汽发生水合作用而生成水合水玻璃，水合水玻璃易溶解于水变为液体水玻璃。

液体水玻璃一般为黏稠的半透明液体，随所含杂质不同可以呈无色、棕黄色或青绿色等。现场配制的水玻璃密度为 $1.5\sim1.6 g/cm^3$，pH 值为 $11.5\sim12$，能溶于水和碱性溶液，与盐水混溶。配制硅酸盐钻井液的成本较低，且对环境无污染。

水玻璃在钻井液中主要有以下作用。

1）聚沉作用

水玻璃可以部分水解生成胶态沉淀，能够聚沉钻井液中的黏土颗粒（或粉砂等），反应过程为

$$Na_2O \cdot nSiO_2 + (y+1)H_2O \longrightarrow nSiO_2 \cdot yH_2O \downarrow + 2NaOH$$

2）抑制和防塌作用

水玻璃对泥页岩的水化膨胀有一定的抑制作用，可以用于井壁的防塌。黏稠的水玻璃可以使裂缝性地层的一些裂缝愈合，提高井壁的破裂压力，起到化学固壁的作用。

3）堵漏作用

水玻璃与石灰、黏土和烧碱等配合使用，可以配成石灰乳堵漏剂。pH<9 时，其水溶液变成凝胶。水玻璃缩合生成较长的带支键的—Si—O—Si—链，形成的网状结构包住自由水，

使体系失去流动性。pH 值不同，胶凝速度（即调整 pH 直至形成胶凝所需时间）可以从几秒到几十小时。

4) 沉淀作用

水玻璃遇 Ca^{2+}、Mg^{2+} 和 Fe^{3+} 等高价阳离子会产生沉淀，反应过程为

$$Ca^{2+}+Na_2O \cdot nSiO_2 \longrightarrow CaSiO_3 \downarrow +2Na^+$$

可见，水玻璃的抗钙能力较差，不宜用于钙处理钻井液，但是可以用于盐水或饱和盐水钻井液中。

7. 加重材料（weighting material）

加重材料是指能增加钻井液密度而不影响其使用性能的材料。常用的有方解石、白云石、重晶石、菱铁矿、钛铁矿、赤铁矿、磁铁矿、方铅矿等，见表 2-6。

表 2-6 常用加重材料

溶解性质	加重材料	密度，g/cm^3	钻井液密度，g/cm^3
水不溶性	重晶石	4.2	2.30
酸溶性	石灰石	2.7~2.9	1.68
	铁矿粉、钛铁矿	4.9~5.3	>2.30
	方铅矿	7.4~7.6	3.00
水溶性	氯化钠、氯化钾、氯化钙 溴化钠、溴化钙、溴化锌		<2.30

我国使用的加重材料主要为重晶石。为减少重晶石对产层的损害，又开发了酸溶性的加重材料，如石灰石、钦钒铁矿、氧化铁、菱铁矿等，含有铁的加重材料硬度大，对钻具有磨损的副作用。无机盐类可作为水溶性的加重剂，如氯化钠、氯化钾、氯化钙、溴化钙、溴化钠和溴化锌等。

二、有机处理剂

目前，国内外对钻井液处理剂的分类大致相同，多根据其在钻井液中所起的作用来进行分类。我国的钻井液标准化分委会将钻井液配浆原材料和处理剂分为 16 大类，包括降滤失剂、增黏剂、乳化剂、页岩抑制剂、堵漏材料、降黏剂、缓蚀剂、黏土类、润滑剂、加重材料、杀菌剂、消泡剂、起泡剂、絮凝剂、解卡剂及其他类。配浆原材料是指配浆中用量较大的基本组分，例如膨润土、水、油和加重材料等。国外钻井液参照 API 标准，在钻井液处理剂中引入了包括碱度和 pH 控制剂、除钙剂等常用无机处理剂，以及起其他作用的处理剂，例如润湿剂、示踪剂等。

常用的有机处理剂分别见表 2-7。

表 2-7 常用有机处理剂

分类方法	种类	代表性有机处理剂
来源	天然产品	淀粉、腐殖酸
	天然改性产品	丹宁酸钠（NaT）、钠羧甲基纤维素（Na-CMC）
	有机合成产品	部分水解聚丙烯酰胺（HPAM）

续表

分类方法	种类	代表性有机处理剂
化学组分	腐殖酸类	磺甲基褐煤（SMC）
	纤维素类	钠羧甲基纤维素（Na-CMC）
	木质素类	铁铬木质素磺酸盐（FCLS）
	丹宁酸类	丹宁酸钠（NaT）
	沥青类	高改沥青（KAHM）
功能	降黏剂	磺甲基丹宁（SMT）
	降滤失剂	磺甲基酚醛树脂（SMP）
	增黏剂	羟乙基纤维素（HEC）
	页岩抑制剂	磺化沥青（SAS）
	堵漏材料	纤维状、薄片状或颗粒状材料

1. 杀菌剂（bactericide）

杀菌剂是指能杀死细菌，维护钻井液中各种处理剂使用性能的化学剂。主要配合天然高分子或生物高分子一起使用，一般在钻井液中用量较少，以前多用甲醛和多聚甲醛，现在为了满足 HSE 要求，多用表面活性剂类的杀菌剂。

2. 缓蚀剂（corrosion inhibitor）

缓蚀剂是指能抑制水基钻井液中存在的或外侵的腐蚀源对钢铁腐蚀的化学剂。常用咪唑啉类作为钻井液缓蚀剂。若要抑制硫化氢的影响，可用除硫剂碱式碳酸锌；若要抑制钻井液中溶解氧的影响，可用还原剂（如亚硫酸钠或亚硫酸氢钠等）；若要抑制二氧化碳对钻具的腐蚀，可使用咪唑啉类的衍生物缓蚀剂。

3. 消泡剂（defoamer）

消泡剂是指能消除泡沫的化学剂。

木质素磺酸盐类是常用的降黏剂和降滤失剂，缺点是容易起泡，通常需要配合使用消泡剂。原先使用的消泡剂有多元醇类、甘油聚醚、硬脂酸类，例如辛醇-2、硬脂酸铝、二乙基己醇等。现在多使用有机硅消泡剂，消泡效果有所提高。

4. 起泡剂（foamer，foaming agent）

起泡剂是指能促使稳定泡沫形成的物质。

配制泡沫钻井液的起泡剂可用烷基磺酸钠、烷基苯磺酸钠、烷基硫酸酯钠盐、聚氧乙烯烷基醇醚、聚氧乙烯烷基醇醚硫酸酯钠盐等。我国以前使用主功能为乳化剂的烷基磺酸钠或烷基苯磺酸钠作起泡剂，例如木质素磺酸盐、十二烷基磺酸钠等表面活性剂，

5. 乳化剂（emulsifier）

乳化剂是指能促使稳定乳状液形成的物质，主要为表面活性剂，包括水包油型和油包水型的乳化剂，前者用于配制掺有一定油的水基钻井液，后者用于配制油包水型钻井液。乳化剂品种较多，多为通用的工业产品。水包油型乳化剂常用的有 OP 系列、Tween-80、烷基苯磺酸钠、平平加、十二烷基苯磺酸三乙醇胺等。制备油包水型乳状液（又称逆乳化钻井液）时，用到的油包水型乳化剂包括主乳化剂和辅助乳化剂，例如油酸、硬脂酸、十二烷基苯磺酸钙、环烷酸、环烷酸酰胺、Span-80 和脂肪酸的钙皂等。

乳化剂不仅用于油基钻井液体系,也在新型的合成基钻井液中使用。油基钻井液及合成基钻井液在深井及超深井钻进中,可以提供比较大的钻井液密度,而且可以稳定井壁,避免水基钻井液引起的系列问题。这两种钻井液体系中的乳化剂选择是难点和关键。通常由于所用的油或合成基液及其与水的配比不同,所要求的乳化剂及其加量也不同。一般使用多种乳化剂才能满足要求,甚至还需要与其他多种辅助乳化剂复配使用,才能得到动力学相对稳定的乳状液体。油包水型钻井液体系的典型配方及性能要求见表2-8。

表2-8 油包水型钻井液体系的典型配方及性能要求

经典配方			性能要求	
材料名称		加量,kg/m³	项目	指标
有机土		20~30	密度,g/cm³	0.90~2.00
主乳化剂	环烷酸钙	~20	漏斗黏度,s	30~100
	油酸	~20	表观黏度,mPa·s	20~120
	石油磺酸铁	~100	塑性黏度,mPa·s	15~100
	环烷酸酰胺	~40	动切力,Pa	2~24
辅助乳化剂	SP-80	20~70	静切力(初/终),Pa	(0.5~2)/(0.8~5)
	腐殖酸酰胺或ABS	~30 或~20	破乳电压(基浆),V	500~1000
	烷基苯磺酸钙	~70	API滤失量,mL	0~2
石灰		15~100	HTHP滤失量/mL	4~10
氯化钙		70~150	pH值	10~11.5
油水比		(85~70):(15~30)	含砂量,%	<0.5
氧化沥青		视需要而定	滤饼摩阻系数	<0.15
加重材料		视需要而定	水滴细度 3~5μm/%	>95

6. 降滤失剂(filtrate reducer)

降滤失剂是指能降低钻井液滤失量的化学剂。

钻井液滤失量的大小主要取决于滤液的黏度和滤饼的质量(即滤饼的渗透率大小),滤饼的质量又主要取决于钻井液中固相颗粒的粒度分布。有机高分子化合物中的吸附基团与黏土表面吸附,而水化基团则与水结合,形成吸附溶剂化层(即水化层)。水化层较厚,使黏土颗粒不易聚集,同时水化层在低的剪切速率下有较大的结构黏度,使钻井液体系有很强的聚结稳定性。另外,由于高分子的分子链很长,细分散的黏土颗粒黏附在长链的链节上,阻碍了黏土颗粒的聚结变大。当高分子浓度达到一定值后,长链通过黏土颗粒之间的桥联作用形成布满整个体系的结构网络,从而保护黏土颗粒,防止黏土颗粒的沉降。另外,高分子溶解于水中,提高了滤液的黏度,也会降低滤失量,其黏弹性还有一定的堵孔作用,以降低滤饼的渗透率。

一般认为,通过降低滤饼的渗透率即改善滤饼质量的方式起作用的降滤失剂较好,最好是不通过增加钻井液液相黏度的方式来降低滤失。常用的是相对分子质量不是很高的聚合物高分子,例如腐殖酸类、树脂类、沥青类、淀粉类和低黏的纤维素类。

1)褐煤类

褐煤类是我国最初使用的降滤失剂,其主要成分为腐殖酸,分子结构很复杂,包括黄腐酸、棕腐酸和黑腐酸，相对分子质量从 300 到百万级不等。其组成元素有 C（55%~65%）、H（5.5%~6.5%）、O（25%~35%）、N（3%~4%）以及少量的 S 和 P。其主要官能团包括羧基、酚羟基、醇羟基、醌基、甲氧基和羰基等。难溶于水，水溶液呈弱酸性，易溶于碱溶液，遇 Ca^{2+} 生成沉淀，可以用来配制褐煤—石膏钻井液和褐煤—氯化钙钻井液，磺化褐煤可用于抗高温的水基钻井液。

褐煤类处理剂主要有以下作用：

① 降黏降滤失作用。腐殖酸分子结构中邻位的双酚羟基可以通过配位键吸附到黏土颗粒的端面，并引入羧钠基水化基团，对钻井液中的黏土颗粒有分散作用，拆散空间网络结构，从而降低钻井液的黏度和切力；通过细小的黏土颗粒形成致密的滤饼，从而降低钻井液的滤失量。

② 热稳定性。腐殖酸分子结构的基本骨架是碳链和碳环结构，232℃下可以有效控制淡水钻井液的滤失量，是很好的抗高温降滤失剂。

2）纤维素类

纤维素不溶于水及一般有机溶剂，一定条件下可以水解和氧化。它是自然界中分布最广、含量最多的一种多糖。棉花的纤维素含量接近 100%；木材的纤维素占 40%~50%（半纤维素 10%~30% 和木质素 20%~30%）。普遍应用的是低黏和中黏的钠羧甲基纤维素（CMC），可以通过提高钻井液的液相黏度来降低滤失量。

由环式葡萄糖结构单元构成的长链状高分子化合物结构式为

六元环上的羟甲基比较活泼，可以发生一系列的化学反应。例如，将棉花纤维用烧碱处理成碱纤维，在一定温度下与氯乙酸钠进行醚化反应，—CH_2COONa（钠羧甲基）通过醚键连接到葡萄糖单元上，再经老化、干燥即可制得 Na—CMC。经过化学反应，其聚合度由 1800~2000 降至原来的 1/10~1/3。聚合度 n 和取代度 d 决定了 Na—CMC 的性质和用途。取代度（或醚化度，d）表示纤维素分子每一个葡萄糖单元上的 3 个羟基的氢被取代而生成醚的个数。当 $d<0.3$，不溶；$d<0.5$，难溶；$d>0.5$，水溶性增加。钻井液用 $d=0.65~0.85$，高矿化度钻井液 $d=0.80~0.85$。

Na—CMC 水溶液性质与其分子在溶液中的形态有关（伸展或卷曲），主要影响因素有 pH 值、无机盐及温度。Na—CMC 的等当点是 pH=8.25，其值过高或过低，水溶液黏度均会降低；无机盐会降低 CMC 水溶液黏度，特别是加入顺序影响大，应该在其溶解于水之后再加入无机盐电解质；随温度升高，CMC 水溶液黏度会逐渐降低。

Na—CMC 的降滤失作用机理如下：

① 吸附基团的吸附作用。羟基和醚氧基与黏土颗粒表面上的氧形成氢键或与黏土颗粒断键边缘上的 Al^{3+} 之间形成配位键吸附在黏土上。

② 水化基团的水化作用。羧钠基通过水化使黏土颗粒表面水化膜变厚，黏土颗粒表面 ζ 电位的绝对值升高，负电量增加，从而阻止黏土颗粒之间因碰撞而聚结成大颗粒（护胶作用）。

③形成致密的滤饼。多个黏土颗粒吸附在 CMC 的一条分子链上,形成布满整个体系的混合网状结构,从而提高黏土颗粒的聚结稳定性,有利于保持钻井液中细颗粒的含量,形成致密滤饼,降低滤失量。

④吸附水化层的黏弹性。具有高黏度和弹性的吸附水化层对滤饼有堵孔作用,CMC 溶液的高黏度也起到降滤失作用。

3) 淀粉类

淀粉与纤维素的结构类似,可以发生同样的化学反应:酯化、醚化、羧甲基化、接枝和交联。区别是六元环的氧桥位置,如图 2-14 如示。

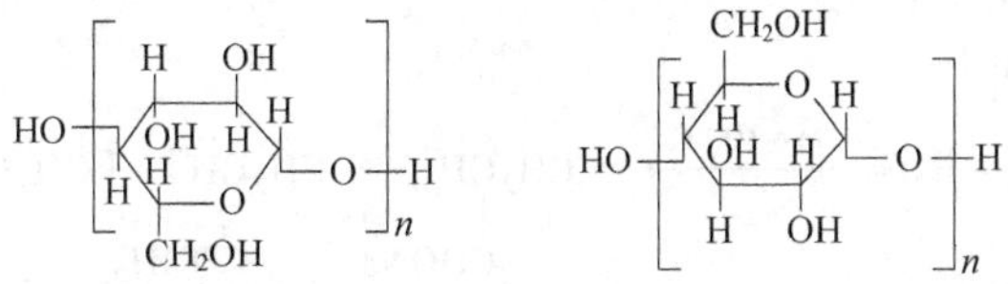

(a) 纤维素分子结构式　　(b) 淀粉的分子结构式

图 2-14　纤维素与淀粉的分子结构区别

由其结构特点可知,其降滤失作用机理与 Na—CMC 类似,通过吸附基团的吸附作用和水化基团的水化作用,改善滤饼质量,从而降低钻井液的滤失量。但是,淀粉类宜在高矿化度和高 pH 值 (>11.5) 条件下使用,否则容易发酵变质,必须加入适量的防腐剂。其优点是高矿化度体系对细菌侵蚀有抑制作用,在温度较低时,常用于饱和盐水钻井液的降滤失。其缺点是温度一旦超过 120℃,淀粉将完全降解而失效。

4) 丙烯酸类聚合物

这类合成聚合物在钻井液降滤失剂中用量最大,使用最广泛。通常是将丙烯酸(AA)和丙烯酰胺(AM)等小分子有机单体与含有特殊官能团的其他小分子有机单体共聚,得到有特殊性质的降滤失剂,例如提高钻井液的抗温和抗盐等性能。由此可以得到很多的产品,例如,引入 2-丙烯酰胺基-2-甲基丙磺酸(AMPS)得到的降滤失剂可使钻井液抗温能力达到 200℃,可以用于饱和盐水钻井液,这主要是由于向共聚物中引入了水化能力强的磺化基团。

如果向共聚物中引入季铵盐结构,则可得两性离子的高分子(如 FA 系列)和阳离子高分子聚合物,可用于两性离子钻井液体系和阳离子钻井液体系。使用时要注意适用的加量范围,通常加量不宜过大,否则钻井液的滤失量难以控制。

常用的降滤失剂有部分水解聚丙烯腈(HPAN)、SK 系列、PAC 系列及 80A 系列,见表 2-9。

表 2-9　常用丙烯酸类聚合物降滤失剂

种类	用途
HPAN	腈纶(PAN)废丝经碱水解而得;聚合度为 235~3760,相对分子质量为 $(12.5~20)\times10^4$。常用 Ca^{2+} 和 NH_4^+ 盐
PAC 系列	丙烯酸、丙烯酰胺、丙烯酸钠、丙烯腈、丙烯磺酸钠和丙烯酸钙等的阴离子共聚物。 PAC-141:降滤失、增黏、调节流型;抗 180℃ 高温,抗饱和盐水。 PAC-142:相对分子质量不大于 10×10^4;降滤失、增黏(比 PAC-11 小);淡水中加量为 0.2%~0.4%,海水和饱和盐水中加量为 1.0%~1.5%。 PAC-143:相对分子质量不小于 30×10^4;降滤失、增黏;淡水中加量为 0.2%~0.5%,海水和饱和盐水中加量为 0.5%~2%。

续表

种类	用途
SK 系列	丙烯酰胺、丙烯酸钠、丙烯腈和丙烯磺酸钠的共聚物。 SK-1：相对分子质量不小于 $30×10^4$；用于无固相清洁盐水完井液和低固相钻井液；降滤失、增黏。 SK-2：相对分子质量不小于 $10×10^4$；抗盐、抗钙；降滤失、不增黏。 SK-3：相对分子质量不大于 $2×10^4$；聚合物钻井液受到无机盐污染后的降黏剂。
80A 系列	丙烯酸和丙烯酰胺共聚制得的系列特征黏度不同的高聚物（代表产品有 80A44、80A46 和 80A51），降滤失和调节流变性。
FA 系列	两性离子共聚物（丙烯酸钠+丙烯酸钙+丙烯酰胺+有机胺类阳离子）

HPAN 的水解反应如下：

$$\text{—[CH}_2\text{CH]}_n\text{— + }x\text{NaOH + H}_2\text{O} \xrightarrow{95\sim100℃} \text{—[CH}_2\text{CH]}_x\text{—[CH}_2\text{CH]}_y\text{—[CH}_2\text{CH]}_z\text{— + }x\text{NH}_3\uparrow$$
$$\text{CN} \qquad\qquad\qquad \text{COONa} \quad \text{CONH}_2 \quad \text{CN}$$

部分水解聚丙烯腈的钙盐 Ca—HPAN，有一定的抗盐和抗钙能力，可以用于淡水和海水钻井液中；其铵盐不仅有降滤失作用，还有铵离子的抑制黏土水化分散的作用。

丙烯酸类聚合物的降滤失作用机理类似，通过吸附基团（如—CN）的吸附作用，向黏土颗粒的表面引入水化基团（如—COONa），拆散黏土颗粒在钻井液中的空间网络结构，细小的黏土颗粒形成致密的滤饼，主要通过改善滤饼质量来降低钻井液的滤失量。

5）树脂类

合成树脂类主要是酚醛树脂类。随着井深和地层复杂性的增加，聚合物类和树脂类降滤失剂的使用量逐渐增加。例如磺化酚醛树脂及其接枝改性产品的降滤失效果均较好，抗盐抗温能力极强，例如 SMP 和 SPNH 等产品。

磺甲基酚醛树脂的合成可以是分步磺化，也可以是一次投料制得。该类降滤失剂可以抗 180～200℃ 的高温，在钻井液中的加量为 3%～5%。SMP-I 主要用于淡水钻井液；SMP-II 可用于饱和盐水钻井液体系中。该类降滤失剂自 20 世纪 70 年代钻成我国第一口超 7000m 深井"关基井"以来，一直是水基钻井液抗高温降滤失剂的首选，用于"三磺"钻井液和"聚磺"钻井液体系。其经典配方及性能要求见表 2-10。

表 2-10 三磺钻井液体系的经典配方及性能要求

经典配方		性能要求	
材料名称	加量，kg/m³	项目	指标
膨润土	80~150	密度，g/cm³	1.15~2.00
纯碱	5~8	漏斗黏度，s	30~60
磺化褐煤	30~50	API 滤失量，mL	<5
磺化栲胶	5~15	HTHP 滤失量，mL	15 左右
磺化酚醛树脂	30~50	滤饼，mm	0.5~1
低黏 CMC	10~15	塑性黏度，mPa·s	10~15
Span-80	3~5	动切力，Pa	3~8
润滑剂	5~15	静切力（初/终），Pa	0~5/2~15
烧碱	3 左右	pH 值	≥10
重晶石	视需要而定	含砂量，%	0.5~1
各类无机盐	视需要而定		

SPNH 是以褐煤与腈纶废丝为主要原料，通过接枝共聚和磺化制得的。其官能团有羟基、羰基、磺酸基、羧基和腈基等，主要作用有降滤失和降黏。

磺化木质素磺甲基酚醛树脂缩合物（SLSP）是磺化木质素与 SMP 的缩合物，有一定的稀释作用，使用过程中容易起泡。

沥青类也有一定的降滤失作用，例如磺化沥青（SAS），产品有 FT-341 和 FT-342。利用其含有的水不溶物的软化点，可以有效封堵泥页岩地层的微裂缝，降低钻井液的滤失，此外还可以防止井壁坍塌，有一定的页岩抑制作用。

7. 絮凝剂（flocculant）

絮凝剂是指能使钻井液中黏土颗粒聚集、沉降或适度絮凝的化学剂。控制絮凝实际上是有机高分子的稀释和保护作用与电解质的絮凝作用的结合。无机絮凝剂，如石灰、石膏、氯化钙和食盐等都是在有机稀释剂的配合下起絮凝作用的。

1）选择性絮凝剂

有机絮凝剂有完全絮凝的聚丙烯酰胺（PAM），其絮凝作用过强，以至使得钻井液变成无固相的清水，流变体的滤失造壁性不易控制。现在多用部分水解的聚丙烯酰胺 PHPA，钻井液中的黏土颗粒可以保持适度分散、适度絮凝的状态，选择性地絮凝劣质土，如钻屑。PHPA 是 PAM 水溶液在强碱性条件下加热水解制得的，部分酰胺基团转变为羧钠基团，其分子结构式表示如下：

$$\mathrm{[CH_2{-}CH]_x[CH_2{-}CH]_y}$$
$$\quad\ \ |\qquad\qquad\ \ |$$
$$\ \ \mathrm{CONH_2}\ \ \ \ \ \mathrm{COONa}$$

酰胺基团的水解度会影响 PHPA 的性能，为 30% 左右（20%~40%）时，絮凝能力最强，分子链最伸展；为 60%~70% 时，可以控制滤失量和提黏堵漏。PHPA 的优点是用量较少、提黏与防塌效果较好；缺点是絮凝物结构比较疏松，对浓度敏感，浓度过大会使絮凝效果变差，尤其是遇到含蒙脱土较多的水敏性地层时，絮凝效果更差，改善措施是加入适量无机离子，如 K^+、NH_4^+，以提高其抑制性。

选择性絮凝剂的作用机理是，带负电的选择性絮凝剂容易吸附在负电性较弱的钻屑和劣质土颗粒上，通过桥联作用将颗粒絮凝成团块而易于清除；对负电性较强的蒙脱土吸附较少，且蒙脱土颗粒间的静电排斥作用较大而不能形成密实团块，桥联作用形成的空间网架结构还能提高蒙脱土的稳定性。所谓桥联作用，是指一个高分子链同时吸附在几个颗粒上，而一个颗粒又同时吸附几个高分子，形成网络结构。桥联作用容易引起絮凝和增黏作用。

2）阳离子絮凝剂

阳离子絮凝剂主要是阳离子聚丙烯酰胺，常用大阳离子 CPAM，相对分子质量在 100×10^4 左右，通常是季铵盐阳离子聚合物，其分子结构表示如下：

$$\mathrm{[CH_2{-}CH]_x[CH_2{-}CH]_y}\qquad\qquad\mathrm{CH_3}$$
$$\quad\ \ |\qquad\qquad\ \ |\qquad\qquad\qquad\quad\ |$$
$$\ \ \mathrm{CONH_2}\ \ \ \ \mathrm{CONH{-}CH_2CH_2CH_2{-}N^+{-}CH_3\cdot Cl^-}$$
$$\qquad\qquad\qquad\qquad\qquad\qquad\qquad\qquad\ |$$
$$\qquad\qquad\qquad\qquad\qquad\qquad\qquad\ \ \mathrm{CH_3}$$

CPAM 是一种包被絮凝剂，其絮凝能力和抑制岩石分散能力强于阴离子聚合物，主要有以下作用：

① 吸附作用。它包括氢键吸附和静电吸附。

② 中和电性作用。大阳离子带有阳离子基团，通过静电作用吸附在钻屑上，吸附作用较强，且相对分子质量较大，分子链足够长，因而桥联作用较好；大阳离子可降低钻屑的负电性，减小粒子间的静电排斥作用，容易形成密实絮凝体，絮凝效果优于阴离子聚合物。

③ 抑制作用。阳离子基团抑制岩屑水化分散的能力较强；对于井壁有稳定作用，可以防止井壁坍塌。

8. 润滑剂（lubricant）

润滑剂是指能降低钻井液的流动阻力及滤饼摩阻系数的物质。目前约有 15 大类 170 多种润滑剂，占钻井液处理剂总用量的 6%。

1) 惰性固体类

惰性固体类包括石墨、塑料小球、炭黑、玻璃微珠及坚果圆粒等，滚动摩擦，能大幅度降低扭矩和阻力。

2) 沥青类

沥青是石油炼制后的残渣，胶质和沥青质等主要成分可以参与形成滤饼，改善滤饼质量；还可以黏附在井壁的岩石上，将岩石表面由亲水改变为亲油，降低摩阻系数。

3) 液体类

液体类润滑剂主要是矿物油、植物油、表面活性剂等，可以在金属—岩石表面形成吸附膜。

酯或羧酸等油性剂可以在低负荷下起作用；含硫、磷、硼等活性元素的极压剂可以在高负荷下起作用；油酸钠、蓖麻酸钠和聚氧乙烯蓖麻油等表面活性剂的分子有足够长的烃链，且不带支链，吸附基团吸附牢固；OP-30、磺化妥尔油、RH 系列润滑剂可以减少钻柱与滤饼之间的摩阻。

表面活性剂的润滑机理是，表面活性剂在钻柱表面和井壁表面发生吸附，使表面润湿反转为亲油表面，在钻柱表面和井壁表面形成一层均匀的油膜，强化了油的润滑作用。

国外润滑剂主要是合成脂肪酸、炼油及石化副产物、动植物油脂、妥尔油、改性石墨等 6 大类。合成脂肪酸是优良的钻井液润滑剂基础材料，但是现在利用得较多的是合成脂肪酸釜残物。动物油脂类新产品主要是鱼类油脂为基础的润滑剂。改性石墨是用水解有机氯硅烷处理或者以合成脂肪酸的乙二醇酯处理制得的抗磨润滑剂，或者是加硅酸盐和硅氧烷制得的无毒性多功能润滑剂。

用于评价润滑性能的技术指标是钻井液和滤饼的摩阻系数，可以用极压润滑仪和滤饼摩擦系数测定仪来测量。水基钻井液的摩阻系数为 0.2~0.35，油基钻井液的摩阻系数为 0.08~0.09。对于复杂井段的钻进通常要求摩阻较小，例如，水平井、大位移井钻井液要求摩阻系数控制在 0.08~0.10。

9. 解卡剂（pipe-freeing agent）

解卡剂是指能渗入钻具与井壁之间的黏附部位，降低黏附力以解除卡钻的物质。在调整井、加密井和大斜度定向井的钻井过程中，钻井液性能变化或地层特性等因素常会引发卡钻事故。可以用振击和套铣等机械方法，但是耗时长、费用高。一般采用泡油、泡酸及油基解卡剂等化学处理方法，作业方便、解卡快、费用低。油基解卡剂荧光强度高，会严重干扰地质录井的准确性，而且会污染钻井液和环境。现在研制有多种液状和粉状解卡剂，白油为基础油的低荧光解卡剂和磺化酚醛树脂加快 T、无荧光润滑油加快 T、表面活性剂和聚合物加快T等水基解卡剂。

水基解卡剂可大致分为两大类。一类是由增黏剂（如抗盐聚合物和水溶性树脂）与渗透剂、润滑剂和辅助剂等表面活性物质配成的基液，用低价无机盐作加重剂配制的无固相或低固相水基解卡液，密度可达 $2.0g/cm^3$。另一类是由不饱和酯、醚及其他原料合成与各种功能助剂复配使用的水溶性有机解卡剂，基本无荧光，具有较强的渗透性和润滑性。

10. 页岩抑制剂（shale inhibitor）

页岩抑制剂是指能有效抑制页岩水化膨胀和分散，主要起稳定井壁作用的处理剂。

1）无机抑制剂

最初使用的是无机盐如氯化钠、氯化钾和硫酸铵等，后来为提高钻井液的电阻率和防塌性能，又开发了磷酸钾、醋酸钾、硅酸钾钠和硅酸钾等。目前用得较多的无机抑制剂是氯化钾和氯化铵。

无机钾离子的抑制机理如下：

① 钾离子可以将膨润土上吸附的部分阳离子交换下来；

② 钾离子与晶层间的负电荷之间的静电引力比氢键强；

③ 钾离子大小刚好嵌入相邻晶层间的氧原子六边形网格形成的空穴中，周围有 12 个氧原子与它相配位，因此连接非常牢固，不能交换，从而起到抑制黏土的水化膨胀作用，如图 2-15 所示。

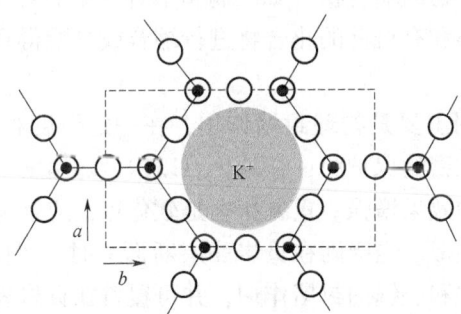

图 2-15　钾离子在黏土矿物表面的镶嵌作用

2）聚合物类页岩抑制剂

聚合物类页岩抑制剂以聚丙烯酸盐为主，如聚丙烯酸钙、聚丙烯酸钾和聚丙烯酰胺铵盐。其作用机理主要是因为聚合物在钻屑表面的包被吸附，包被能力越强，对钻屑分散的抑制作用也越强，而且还能防止井壁坍塌。抑制和防塌的主要原因是：长链聚合物在泥页岩井壁表面发生多点吸附，封堵微裂缝，可阻止泥页岩剥落；聚合物浓度较高时，在泥页岩井壁上形成较为致密的吸附膜，可阻止或减缓水进入泥页岩，对泥页岩的水化膨胀有一定的抑制作用。

3）小阳离子

地层岩石矿物表面一般为负电性，因此阳离子化学剂可以有抑制作用，例如小阳离子有阳离子表面活性剂 Nw-1，还有大阳离子 CPAM。小阳离子的抑制作用和大阳离子的包被絮凝作用协同效果好，可以配成阳离子聚合物钻井液体系。在钻进过程中，小阳离子首先吸附在新产生的钻屑上抑制其分散，随后大阳离子再吸附在钻屑上，靠桥联作用形成絮凝体，利用固控设备可有效清除钻屑絮凝体。负电性很强的有用固相膨润土颗粒吸附的小阳离子比较多,削弱了大阳离子的吸附。故大、小阳离子对膨润土的絮凝作用相对较弱,使钻井液中保持适量的有用固相。

小阳离子的作用机理如下:

① 吸附作用。阳离子型表面活性剂通过静电作用可吸附在岩屑表面,另外通过与岩屑层间的可交换阳离子发生离子交换作用,也可以进入岩屑层间。表面吸附的小阳离子的疏水基可形成疏水层,阻止水分子进入岩屑粒子内部,层间吸附的小阳离子靠静电作用拉紧层片,有效抑制岩屑水化膨胀和分散。

② 中和电性。小阳离子所带的正电荷可中和岩屑带的负电荷,削弱岩屑粒子间的静电排斥作用,从而降低岩屑的分散趋势。

小阳子与无机钾离子的抑制作用相比,有以下优点:

① 小阳离子吸附在钻屑表面,形成疏水层,防泥包钻头或黏附在钻铤和钻杆表面;

② 小阳离子有杀菌作用,可防止某些处理剂如淀粉类的生物降解;

③ 小阳离子不会明显影响钻井液的矿化度,不影响测井解释,能减弱钻具在井下的电化学腐蚀。

4) 沥青类

沥青类抑制剂以氧化沥青、乳化沥青和磺化沥青为主,为提高封堵和抑制性能,后来又开发了沥青与各种有机化合物的缩合物(如与腐殖酸钾的缩合物 KAHM),如沥青类与抑制和防塌性能较好的腐殖酸类和有机硅的化合物进行缩合或复配得到的有机硅腐钾,使用效果比较好。

氧化沥青类的防塌作用主要是物理封堵作用,在一定温度和压力下软化变形,封堵裂隙,并在井壁上形成一层致密的保护膜;在软化点以内,随温度升高,其降滤失能力和封堵裂隙能力增加,稳定井壁的效果增强。重要指标是软化点,应该与所处理井段的井温相近。

磺化沥青与其他沥青类似,当吸附在页岩晶层断面上时,可阻止页岩颗粒的水化分散;不溶于水的部分起填充孔喉和裂缝的封堵作用,并可覆盖在页岩表面,改善滤饼质量。但随着温度的升高,磺化沥青的封堵能力有所下降;此外,磺化沥青中的磺酸根基团水化作用很强,还有润滑和高温高压降滤失的作用。

5) 聚合醇类

聚合醇类有聚乙二醇、聚丙二醇以及聚甘油,形成的聚合醇钻井液有较强抑制作用,且对井壁有润滑性能,可以防止泥包钻头。我国从 1993 年开始研究甘油基钻井液,抑制剂产品有聚甘油的化学改性物 GLY-1,其防塌效果优于 KCl 或钾基聚合物,而且流变性能好,有较强的抗温、抗盐和抗钙能力。

11. 降黏剂(thinner)

降黏剂是指能降低钻井液黏度和切力的化学剂。

钻井液黏度大的主要原因是钻井液中的固相过多,黏土颗粒之间形成网状结构。降黏剂的主要作用在于优先吸附在黏土颗粒边缘水化较弱的地方,亲水基的水化层削弱或拆散黏土颗粒间的网状结构,放出自由水,同时减少黏土颗粒对流动的摩擦阻力,从而降低钻井液的切力和黏度。降黏剂也可以吸附于钻屑表面,抑制钻屑水化膨胀和分散,减少钻井液中的固相含量,也利于降低黏度,增加流动性。

降黏剂大致可分为 6 类：木质素系列、单宁系列、腐殖酸系列、木质素/栲胶复合剂、合成聚合物、有机磷酸盐。我国在 20 世纪 80 年代初使用降黏剂时，只有 8 种，以木质素和单宁栲胶类为主。80 年代末降黏剂的用量开始逐步下降，在 90 年代开发的产品以木质素类为主，降黏剂消耗量以木质素类占绝大多数，腐殖酸类和单宁酸类次之。

1) 单宁类

单宁和栲胶是我国最早使用的降黏剂，后来研制出各方面性能均很好的磺化栲胶和磺化单宁，以及抑制能力较强的单宁酸钾。天然高分子降黏剂的用量逐年下降，例如木质素的主要产品是木质素磺酸铁铬盐（FCLS），由于产品含铬，污染环境，现已严格限制使用。

单宁类的降黏作用机理如下：

① 吸附基团的吸附作用。单宁酸钠苯环上相邻的双酚羟基通过配位键吸附在黏土颗粒断键边缘的 Al^{3+} 处：

② 水化基团的水化作用。酚钠基—ONa 和羧钠基—COONa 使黏土颗粒端面处的双电层斥力和水化膜厚度增加，拆散和削弱黏土颗粒间通过端—面和端—端连接而形成的网架结构，使黏度和切力下降。

可见，单宁类降黏剂起分散作用，以前又被称为稀释剂。加大其用量，有一定的降滤失作用，因为随着结构的拆散和黏土颗粒双电层斥力及水化作用的增强，有利于形成更为致密的滤饼，从而降低钻井液的滤失。

2) 聚合物类

聚合物类的降黏剂平均相对分子质量较小，只有数千，如异丁烯与马来酸酐、富马酸和磺化异丁烯等的共聚物等。要求抗盐能力强时，通常是向聚合物分子结构中引入磺化基团。

1990 年研发的 XY-27 在低矿化度聚合物钻井液中的降黏效果较好，黏土容量高。随着具有强抑制性的两性离子聚合物钻井液的降黏剂 XY 系列的研制成功，合成聚合物降黏剂成为主流发展方向。

XY-27 两性离子聚合物降黏剂是一种乙烯基单体多元共聚物，其相对分子质量约 2000；其结构特点是分子链中有阴离子、阳离子和非离子三种基团。它不仅有降黏作用，还有一定的抑制作用。与分散型降黏剂相比，加量更少（通常加量 0.1%~0.3%），降黏效果更好；还有一定的抑制黏土水化膨胀的能力；与其他类型处理剂互相兼容，兼有降滤失作用。其降黏机理为：

① 阳离子基团能与黏土发生离子型吸附；
② 比高分子更快、更牢固地吸附在黏土颗粒上；
③ 易与高聚物交联或络合，比阴离子聚合物降黏剂有更好的降黏效果。

其抑制页岩水化的作用机理如下：

① 中和黏土表面的部分负电荷，削弱黏土的水化作用；
② 聚合物链之间更易缔合，能包被黏土颗粒。
③ 分子链中大量水化基团所形成的水化膜可阻止自由水分子与黏土表面的接触，并提

高黏土颗粒的抗剪切强度。

12. 增黏剂（viscosifier）

增黏剂是指能够提高钻井液体系的黏度和切力，使其具有适宜流变性的化学剂。

常用增黏剂有：部分水解聚丙烯酰胺（PHPA，相对分子质量较高）、钠羧甲基纤维素（CMC-HV）、黄原胶（XC）和羟乙基纤维素（HEC）。我国最初使用主功能的增黏剂只有一种，即狗骨头树叶粉（钻井粉），1993年增加至9种。增黏剂产品主要以高黏纤维素类为主，有高黏聚阴离子纤维素和羟乙基纤维素。目前钻井界公认的聚合物类增黏剂中增黏效果最好的是生物聚合物，其次是合成聚合物。新的生物高分子有从发酵介质中分离出来的平均相对分子质量在 50×10^4 以上的非离子型的水溶性硬葡萄聚糖，其增黏、携屑及清洁井筒的效果均较好。

增黏剂一般用于低固相和无固相水基钻井液中，用于提高因缺少固相而导致的悬浮和携带钻屑能力的降低。水溶性线型高分子（如 Na—CMC、HPAM 等）的分子链较长，分子间力较大；另外，水化层的作用都会使钻井液的黏度大大增加。

这些高分子或聚合物的增黏作用机理如下：

① 浮离（未被吸附）聚合物分子能增加水相的黏度；

② 聚合物的桥联作用形成的网络结构能增强钻井液的结构黏度。

13. 堵漏材料（lost circulation material）

堵漏材料是指能堵塞漏失层的材料。随着调整井、多压力层系地层井的增多，井漏次数和严重程度也逐渐增加，因而堵漏材料发展较迅速。

起桥塞堵漏作用的有果壳类（如核桃壳、棉子壳、谷壳和花生壳等）、片状堵剂（如云母片、蛭石片等）、颗粒状堵剂（如碳酸钙、超细碳酸钙、油溶性树脂、盐粒、橡胶碎屑、沥青粉等）和纤维状堵剂（如甘蔗渣、石棉、锯末、麦秆、稻秆等）。形状不同，所起作用也有所不同，见表2-11。

表 2-11 常用堵漏材料

产品	材料	作用
纤维状	棉纤维、木质纤维、甘蔗渣和锯末等	挤入发生漏失的地层孔洞中，很大的摩擦阻力起到封堵作用
薄片状	塑料碎片、赛璐珞粉、云母片和木片等	强度若能承受钻井液的静压力，可平铺在地层表面形成致密滤饼；否则被挤入裂缝，与纤维状材料相似
颗粒状	坚果壳和高强度的碳酸盐岩颗粒	通过挤入孔隙而起到堵漏作用

一般地，纤维状和薄片状堵漏剂的加量不大于5%。不同类型和尺寸的材料按比例加入，提高堵塞能力。使用的堵漏材料中最好有架桥作用的刚性粒子、起填充作用的弹性粒子以及起拉筋作用和稳固封堵的纤维。例如起单向压力封闭作用的堵剂有改性纤维素衍生物、改性特种木屑产品等。硅藻土类可用于高滤失的复配堵剂，聚合物类有吸水膨胀能力强或交联作用强的脲醛树脂、丙烯腈与丙烯酰胺共聚物、聚氨酯膨体等，若漏失严重还可以用水泥类进行速凝。

钻井液体系还有一些特殊开发的处理剂，如盐抑制剂（如NTA）、提速剂、示踪剂（如酚酞）和保护油气层的暂堵剂（如超细碳酸钙、油溶树脂和超细盐粒）等。总之，钻井液处理剂种类凡多，研究重点主要是降滤失剂、絮凝剂、页岩抑制剂加重材料和堵漏材料等。

习 题

1. 钻井液的主要功能有哪些?
2. 钻井液有哪些体系?
3. 油气钻井过程中,常遇到哪些黏土矿物?
4. 什么是晶格取代?蒙脱石和伊利石的晶体取代是否一样?
5. 什么是黏土的水化作用?
6. 黏土矿物在水中带什么电性?为什么?
7. 钻井液聚结稳定性的影响因素有哪些?
8. 膨润土在淡水钻井液中有什么作用?
9. 什么是造浆率?如何提高膨润土的造浆率?
10. 为什么钻井液一般要求呈碱性?
11. 黏土矿物的离子交换吸附有什么特点?
12. 举例说明无机处理剂在钻井液中的作用机理。
13. 举例说明钻井液降黏剂的作用机理。
14. 举例说明钻井液降滤失剂的作用机理。
15. 钾基聚合物钻井液体系中钾离子主要起什么作用?
16. 举例说明钻井液选择性絮凝剂的作用机理。
17. 举例说明阳离子钻井液体系中主要处理剂的作用机理。
18. 举例说明沥青类处理剂的防塌机理。
19. 饱和盐水钻井液体系中常用哪些有机处理剂?使用时要注意什么?
20. "三磺"钻井液的主要处理剂有哪些?分别起什么作用?
21. 屏蔽暂堵技术有哪些技术要点?
22. 油基钻井液体系有哪些主要成分?
23. 合成基钻井液体系的合成基液有哪些类型?

第三章 固井化学

固井化学是用化学方法来研究和解决油气固井工程中遇到的问题。油气井在建井过程中要下入一层或多层套管串形成的套管柱，然后通过地面的水泥车将水泥浆泵入套管柱，注入井筒与套管之间的环形空间，将套管柱与所建井的井壁岩石牢固地胶结在一起，封固地下油气水层及复杂地层，以利于进一步的钻进或开采。固井质量的基本要求是，注水泥施工后要形成一个完整的水泥环，使水泥与套管的一界面、水泥与井壁的二界面都固结良好，水泥胶结强度高，油气水层封隔好，不发生窜漏。可见，固井工程的中心作业是注水泥工艺，必须能够支撑和保护套管，封隔井壁，保护生产层，并处理"喷、漏、塌"等固井及油井大修施工。

将干水泥与水以一定的比例混拌即成水泥浆，水泥浆密度一般为 $1.78 \sim 1.98 \text{g/cm}^3$。固井所用的水泥浆是由油井水泥、水和各种化学外加剂组成的流体。水泥浆必须在地层条件下在规定的时间内凝固成水泥石，水泥石还必须具有一定的抗压强度（即在压力作用下，单位面积水泥石破坏时所能承受的力），一般要求最小抗压强度必须大于 3.5MPa。油气井的井深不同，水泥浆的各项性能要求也不同，往往需要加入一定量的外加剂来调节水泥浆的各项性能参数。例如，使用加重剂或减轻剂调节水泥浆的密度，使用促凝剂或缓凝剂调节水泥浆的稠化时间。

一般固井在注水泥浆之前，还需要注入前置液、冲洗液或隔离液。冲洗液的密度在 1.03g/cm^3 左右，要求黏度低，流动性良好，在较低的剪切速率下达到紊流，紊流的临界流速为 $0.3 \sim 0.5 \text{m/s}$；还要求其与水泥浆和钻井液均有较好的相容性，能悬浮和携带钻井液中的固相颗粒及冲洗下来的滤饼。隔离液包括紊流型和黏稠型，黏稠型的隔离液需要使用羟乙基纤维素（HEC）等水溶性高分子来提高其黏度和切力，密度比钻井液高 $0.06 \sim 0.12 \text{g/cm}^3$。

因此，固井工程需要使用到多种化学外加剂来调节水泥浆、前置液及隔离液等的性能，以满足固井工程的质量要求。

第一节 水泥与油井水泥

油井水泥是指用于固井、修井和挤注等作业的硅酸盐水泥（即波特兰水泥）和非硅酸盐水泥，包括掺有各种外掺料或外加剂的改性水泥或特种水泥。油井水泥一般使用硅酸盐水泥，主要成分是水硬性硅酸钙，以及适量的石膏和助磨剂。

与普通水泥类似，将石灰石与黏土在 1450~1650℃ 的高温下煅烧，冷却后磨细即可得油井水泥，密度为 $3.1~3.2g/cm^3$，粒度为 30~60μm。储层固井有时需要用到超细水泥，其粒度在 6~15μm 的范围。

一、油井水泥的分类

1. 中国分类

我国在油井水泥生产的早期，是按冷井和热井分类的，后来随着油气井深的增加改用温度来对油井水泥分类。根据温度的不同，将油井水泥分为四个级别，见表3-1。现在，国产油井水泥的生产和使用已基本与国际接轨。

表 3-1 我国油井水泥的分类

使用温度, ℃	使用深度, m	强度要求
45	0~1500	≥3.5MPa,适用于表层或浅井
75	1500~2500	≥3.5MPa,适用于中深井,近似 API 的 C 级水泥
95	2500~3500	≥3.5MPa,适用于中深井
120	3500~5000	>15MPa(120℃,2.1MPa 养护),适用于深井、超深井

注：井下静止温度超过110℃，水泥中必须加入重量比为30%~40%的硅粉。

2. API 分类

1）基础水泥

为了满足不同井深和井温的要求，以及预防地层水中硫酸盐对水泥石的腐蚀，API 将油井水泥分为九个级别，见表3-2。

表 3-2 API 油井水泥的分类

级别	使用深度 m	使用温度 ℃	类型 普通	抗硫酸盐 中	抗硫酸盐 高	备注
A	0~1830	≤76.7	√	—	—	普通水泥
B	0~1830	≤76.7	—	√	√	抗硫水泥
C	0~1830	≤76.7	√	√	√	早强水泥
D	1830~3050	76~127	—	√	√	中温中压
E	3050~4270	76~143	√	√	√	高温高压
F	3050~4880	110~160	—	√	√	超高温高压
G	0~2440	0~93	—	√	√	基本油井水泥
H	0~2440	0~93	—	√	√	基本油井水泥
J	3660~4880	49~160	√	√	—	普通型,超高温高压

注：表中"√"表示有此类水泥，"—"表示无此类水泥。

表3-2 中，G 级和 H 级水泥为基本油井水泥，加入促凝剂或缓凝剂，可以促进或延缓

水泥的稠化和凝固，可以适应较大范围的井深和井温要求。

(2) 按用途分类

不同地层条件以及不同井型和类别要求用不同的油井水泥，API根据用途将油井水泥进行分类，见表3-3。

表3-3 API水泥类型

类别		备注
胶凝水泥		通过加入黏土改性的水泥
石膏水泥		主要由水化硫酸钙组成的水泥
高铝水泥		即钙铝水泥
早强水泥		相当于API的C级水泥
高温水泥		高温条件下能防止强度衰退的水泥
水硬性水泥		在水下与水发生化学反应而凝结固化的水泥
改性水泥		化学或物理性能被外加剂改变的水泥
纯净水泥		不含添加剂的基本水泥
井用水泥		水泥或水泥与其他材料的混合物，用于油气井、地热井或水井的水泥
常规水泥		普通水泥
波特兰水泥	基础水泥	主要含水硬性硅酸钙，磨碎生产出的水硬性水泥
	矿渣水泥	波特兰水泥与矿渣按规定标准混合的水泥
	火山灰水泥	由波特兰水泥或波特兰矿渣水泥与火山灰组成的水硬性水泥
缓凝水泥		加入缓凝剂延长稠化时间的水泥
加重水泥		超过正常体积质量含有加重材料的水泥

二、油井水泥的组成及水化反应

1. 油井水泥的组成

1) 化学组成

典型的硅酸盐水泥中含有硅、钙、铁、铝、镁、氧和硫等化学元素。按照氧化物进行分析，各种氧化物含量见表3-4。

表3-4 典型硅酸盐水泥氧化物含量

氧化物	SiO_2	CaO	Fe_2O_3	Al_2O_3	MgO	SO_3	K_2O
含量，%	22.4	64.8	4.1	4.8	1.1	1.7	0.1

2) 矿物组成

油井水泥中对水泥的凝结和硬化起主要作用的矿物成分有四种，即硅酸三钙、硅酸二钙、铝酸三钙和铁铝酸四钙。此外，油井水泥中还含有少量的石膏和碱金属的氧化物。

(1) 硅酸三钙

在普通硅酸盐水泥中硅酸三钙（$3CaO \cdot SiO_2$，简写为C_3S）含量最高，达到40%~65%，高早强水泥中占60%~65%，是水泥产生强度的主要矿物成分。其早期强度增长快，最终强度也大。

（2）硅酸二钙

在普通硅酸盐水泥中硅酸二钙（$2CaO \cdot SiO_2$，简写为 C_2S）含量约为 24%~30%，其水化反应慢，早期强度增长也慢，能在长时间内逐渐增加水泥石的强度，对水泥的最终强度起重要作用。

（3）铝酸三钙

在普通硅酸盐水泥中铝酸三钙（$3CaO \cdot Al_2O_3$，简写为 C_3A）含量约为 15%，促进水泥快速水化，是决定水泥浆初凝时间和稠化时间的主要因素。对水泥浆的流变性有较大影响。它对硫酸盐类的侵蚀最为敏感，因此高抗硫酸盐水泥必须把 C_3A 降至 3% 以下。

（4）铁铝酸四钙

在普通硅酸盐水泥中铁铝酸四钙（$4CaO \cdot Al_2O \cdot Fe_2O_3$，简写为 C_4AF）含量约为 8%~12%，其水化速度仅次于硅酸三钙，早期强度增长快，但对水泥石的最终强度影响很小，硬化 3 天和 28 天的强度值差别很小。

后两种矿物成分对总强度影响很小，高抗硫酸盐的水泥中 1 份铁铝酸四钙加 2 份铝酸三钙的总含量不应超过 24%。四种矿物成分对水泥物理性能的影响见表 3-5。

表 3-5 矿物成分对水泥物理性能的影响

成分	早期强度	长期强度	水化反应速度	水化热	收缩程度	抗硫能力
硅酸三钙	良	良	中	中	中	—
硅酸二钙	劣	良	迟	小	中	—
铝酸三钙	良	劣	快	大	大	低
铁铝酸四钙	劣	劣	迟	小	小	—

2. 水泥的水化作用

1）水化过程

水泥与水以一定的水灰比混合成水泥浆时，其中的各种矿物会发生水解和水化反应，反应过程放热。随着水化的不断进行，水泥浆从凝胶态逐渐向结晶态发展，最后形成硬化的水泥石。

硅酸三钙反应生成硅酸二钙的水合物和氢氧化钙，铁铝酸四钙反应可得铝酸三钙水合物和钙铁氧化物的水合物，硅酸二钙和铝酸三钙各自水合。其主要矿物成分的水化反应如下：

$$3CaO \cdot SiO_2 + 2H_2O \longrightarrow 2CaO \cdot SiO_2 \cdot H_2O + Ca(OH)_2$$

$$2CaO \cdot SiO_2 + H_2O \longrightarrow 2CaO \cdot SiO_2 \cdot H_2O$$

$$3CaO \cdot Al_2O_3 + 6H_2O \longrightarrow 3CaO \cdot Al_2O_3 \cdot 6H_2O$$

$$4CaO \cdot Al_2O_3 \cdot Fe_2O_3 + 6H_2O \longrightarrow 3CaO \cdot Al_2O_3 \cdot 6H_2O + CaO \cdot Fe_2O_3 \cdot H_2O$$

水化硅酸钙为纤维状薄片，从矿物颗粒上向外伸展出去，逐渐形成一连续的网状结构，与水化硫铝酸钙、氢氧化钙等晶体互相穿插，填充于水泥颗粒的空间，增加它们之间的黏结，使水泥石强度不断提高。

2）水化理论

在油气井固井过程中，水泥的水化反应是在井下一定的温度和压力条件下进行的。温度和压力对水泥水化速度有一定影响，水泥的水化速度一般随温度和压力的增加而加快，温度的影响更为显著一些。

水泥凝结与硬化理论有结晶理论、胶体理论、凝固理论和凝聚—结晶理论。

（1）结晶理论

该理论认为，水泥的水化从液态到凝聚硬化成固体可以分为胶溶期、凝结期和硬化期三个阶段。

① 胶溶期中，水泥遇水在水泥颗粒的表面发生水化反应，水化产物的浓度不断增加，在饱和状态下水化产物以胶态粒子或小晶体析出，形成溶胶体系。此时水泥浆仍具有流动性。

② 凝结期中，水化过程由水泥颗粒的表面向内部发展，溶胶粒子及微晶体大量增加，晶体开始互相连接，逐渐形成絮凝结构而变稠，成为失去流动性的凝胶体系。

③ 硬化期中，水化过程继续深入，水化产物形成晶体结构，晶体颗粒紧密连接，强度明显增加，逐渐硬化成水泥石。

（2）胶体理论

该理论认为，水泥的水化反应是水进入水泥矿物内使其膨胀、胶凝并硬化的过程。凝胶具有网状结构，分散相是晶体或无定形体，分散介质被包裹在网状结构。

（3）凝聚—结晶理论

首先，水泥在水中水化并高度分散，表面积剧增，具有较大表面能，有自发减小的倾向，产生聚结形成网架结构。

然后，高度分散的胶体粒子（水化铁酸钙、水化硅酸盐、胶体大小的水泥细颗粒等）在布朗运动作用下产生接触与碰撞，在一些适当接触点上黏接起来，逐渐形成一个较弱的具有可塑性的凝聚网，水泥浆变稠，直到失去流动性。

最后，水泥水化反应不断进行，氢氧化钙、铝酸盐等在过饱和溶液中以微小晶体析出。此后，聚结产生结晶，形成结晶网。由于微晶直接连接，之间无液膜，通过化学键连接，强度比凝聚网强度高几个数量级，其结构是不可逆的。

水泥在水化后生成物总体积小于水化前反应物的总体积，即发生体积收缩，在一定条件下对固井质量有着重要的影响。水泥的水化反应是放热反应，利用这一特点可以探测水泥浆在环形空间内的上返高度。

第二节　油井水泥外加剂

水泥外加剂（additive for cement slurry）是指能按要求改变水泥浆性能而掺量不大于水泥质量5%的化学剂。

油气井的井下地层复杂，固井工艺中使用单一的水泥浆往往无法满足需要，必须在水泥中加入各种外加剂或外掺料来调节水泥浆的性能，以满足各类井型（深井、超深井、调整井、水平井、大位移井、小井眼井等）和复杂地层的固井要求。

一、油井水泥外加剂分类

水泥浆设计时，首先应满足地层的压力平衡要求（以不发生压裂漏失和油气侵为基础），然后是对水泥浆的其他性能进行调整，以求达到良好的顶替效果、足够的稠化时间以及基本的抗压强度要求。水泥外加剂按用途分为三大类：
① 调节水泥浆性能的外加剂，包括稠化时间、密度、流变性、失水、堵漏和触变性；
② 调节水泥石性能的外加剂，包括抗压强度、防止强度衰退和膨胀性；
③ 改变水泥浆容积，提高造浆率的外加剂。

这些外加剂和外掺料可以按照其在水泥浆中的作用进行分类，见表3-6。

表 3-6　油井水泥外加剂和外掺料的分类

类型	主要成分	作用
加重剂	重晶石、赤铁矿、钛铁矿	加重水泥浆，防止井喷、水窜和气窜
减轻剂	粉煤灰、膨润土、硅藻土、水玻璃	造浆率高，提高水灰比，减轻水泥浆
	漂珠、玻璃微珠	加入密度低于水的材料，减轻水泥浆
	空气、氮气	水泥浆中充气或化学发气，形成泡沫水泥浆
缓凝剂	木质素磺酸盐、纤维素类、AMPS共聚物、硼酸和磷酸及其盐类	延缓水泥浆的稠化，延长水泥凝固时间
促凝剂	氯化钙等无机盐、甲酸钙等有机盐	缩短稠化时间，加速水泥凝结和硬化
分散剂	聚萘磺酸盐、木质素磺酸盐	减少水泥浆的流动阻力，又称减阻剂
降失水剂	膨润土、纤维素类等水溶性高分子	提高液相黏度，降低滤饼渗透率，降低失水
防漏失剂	沥青类、纤维材料	降低水灰比，改善水泥浆流变性能
防气窜剂	铝粉等发气材料、合成橡胶	防止或减少失重，增加气窜阻力

注：井下静止温度超过110℃时，水泥中必须加入重量比为30%~40%的硅粉/砂，温度越高，加量越多。

二、常用油井水泥外加剂

为了提高固井质量，水泥浆的性能以及最终形成的水泥石必须满足一定的要求。通常要求测定的水泥浆性能有：密度、稠化时间、流变性、失水量、自由水含量（即析水量）和水泥石的抗压强度。我国和美国石油学会均制定有这些性指标的测试方法，并规定一定的性能参数指标，必要时通过在水泥浆中加入外加剂或外掺料来调节水泥浆的性能。水泥常用的外加剂有分散剂、调凝剂（促凝剂和缓凝剂）、降失水剂以及防气窜剂等。

1. 分散剂

水泥浆的流变性能对水泥环质量的影响很关键，可以通过外加分散剂来改善水泥的流动参数，使其在不太高的流速下达到紊流，较好地顶替钻井液。因此分散剂又称做紊流剂，可明显降低水泥浆的视黏度。

水泥分散剂大多为负离子表面活性剂，如木质素磺酸盐类等。它们不与水泥发生化学反应，不提高水泥石的强度，只是使水泥的水化过程及水泥石内部结构发生变化，因而明显影响水泥石的物理力学性能。

分散剂的作用机理可用吸附—分散作用来解释。分散剂定向吸附在水泥质点表面，形成的吸附层使水泥质点表面带有相同符号的电荷，并在水泥颗粒表面形成一层稳定的溶剂化水层，在静电斥力和水化膜的阻碍作用下使水泥浆体系处于相对稳定的悬浮体状态。固相浓度较高时，通过正、负电荷间的作用使水泥颗粒形成一种连续的空间网状结构，类似于钻井液中黏土颗粒的絮凝结构。当水泥浆在被泵注入套管内时，网状结构受到破坏，水泥浆在初期形成的絮状结构分散解体，絮凝结构内的游离水被释放出来，水泥浆的视黏度下降，从而改善水泥浆的流动性能。

水泥浆分散剂的作用与钻井液降黏剂的作用相当,主要类型也类似,通常为相对分子质量偏小的高分子。常用的有木质素磺酸盐类、聚萘磺酸盐类、相对分子质量较小的 AMPS 聚合物类、甲醛和丙酮(或其他酮类)的缩聚物等。

分散剂有时又称为水泥浆减阻剂,用来改善水泥浆的流变性能,例如,SEP 膨胀剂和 KQ 膨胀防气窜复配使用,在深井和超深井用作低失水膨胀防窜水泥浆体系,流变性能好,水泥石的抗压强度高。

2. 调凝剂

水泥浆中加入能调节稠化时间的外加剂,即调凝剂,有促凝剂和缓凝剂,分别可缩短或延长稠化时间。

水泥与水混合后,不断水化,水泥浆不断变稠,直至失去流动性。为了保证施工安全,水泥浆必须在一定时间内保持流动性,直至将水泥浆泵送到井内环形空间的预定层段。水泥浆的稠化时间可以用加压稠度测定仪测定,在模拟地层温度和压力的条件下,从给水泥浆加温加压时起至水泥浆稠度达到 100Bc(稠度单位)所经历的时间就是水泥浆的稠化时间。注水泥施工作业要在稠化时间以内完成,并包含一定的安全系数,否则容易出现两种不良现象:一是浅井注水泥作业时,关井候凝时间过长;二是深井注水泥作业时,不能把水泥浆按设计顶替出套管,发生水泥浆在套管内固化成水泥石的事故。

1)促凝剂(accelerator)

促凝剂指能加速水泥浆性能而掺量不大于水泥质量5%的化学剂,也称为速凝剂。

在低温地区,或浅井段注水泥浆作业时,通常要求缩短水泥浆的稠化时间,加速水泥的凝结和硬化。常用的促凝剂有无机和有机两大类型。

(1)无机促凝剂

最常用的无机促凝剂是氯化物,典型的是 $CaCl_2$。$CaCl_2$ 的加量不宜超过 6%~8%,否则会引起水泥浆的瞬凝,而且 $CaCl_2$ 加入后会对大多数其他外加剂有破坏作用。

氯化钠在水泥中质量分数为10%以下时有促凝作用,超过18%则有一定的缓凝作用。当用海水配浆时,由于海水中含有氯化钠和氯化镁,可引起水泥浆的促凝,在设计注水泥浆时,要考虑它们的含量及影响。

无机促凝剂还有碳酸盐、硅酸盐、铝酸盐、硝酸盐、硫酸盐和硫代硫酸盐等。水玻璃加入量应小于7%,过大会使失水增加。

(2)有机促凝剂

常用有机促凝剂有甲酸盐,例如甲酸钙、甲酸铵,以及草酸和三乙醇胺等。

2)缓凝剂(retarder)

缓凝剂是指能延缓水泥水化反应、延长水泥浆凝结时间的外加剂。缓凝剂通过抑制水泥矿物成分(主要是铝酸盐组分)的水化速度来延缓稠化时间,作用机理是水泥矿物的选择性吸附。

(1)无机缓凝剂

常用的无机缓凝剂有硼酸、磷酸及其盐类。它们的极性较强,抑制作用也较强,能延迟水化产物的结晶成核时间,改善微孔结构。纤维素类除了有缓凝作用外,往往还有一定的分散和降失水作用,作用温度不超过170℃。硼酸类一般用的是其钠盐和钾盐,是高温深井缓凝剂，也常和其他外加剂如木质素磺酸盐类、酒石酸及葡萄糖酸钙等复合使用，最高使用温度可达218℃。

(2) 有机缓凝剂

常用的有机缓凝剂有一定的分散作用，可以是作为分散剂的木质素磺酸盐类、糖类化合物和 AMPS 共聚物等，相对分子质量较大的纤维素类也有缓凝作用。

这些有机缓凝剂分子结构中的活性基团（如羟基）吸附能力强，可以通过配位键吸附到水泥颗粒的表面，减弱和拆散水泥颗粒在水泥浆中絮凝形成的空间网状结构，延缓水泥的进一步水化。例如，高温缓凝剂酒石酸（BK）可用于200℃以内的井温，能改善水泥浆的流动性能，对水泥石强度没有明显影响。酒石酸和硼酸复配可用于中深井的注水泥作业，能够改善水泥石结构，提高水泥石的机械强度。

3. 降失水剂 (filtrate reducer)

降失水剂是指能降低水泥浆滤失量的外加剂。水泥浆的失水量是指，一定温度和压力（如6.865MPa）下，在一定时间（如30min）内通过一定面积筛网滤出的自由水的量。水泥浆原浆的 API 失水率通常大于 1500mL/30min，注水泥设计时，常规固井要求失水量小于 300~500mL/30min；一般控制气窜和深井尾管作业水泥的失水量应小于 50mL/30min；高压挤水泥作业时失水量应小于 50~150mL/30min。

固井施工作业时，水泥浆注入井下后在静液压力作用下会出现失水和渗滤的现象，水泥浆滤液进入地层。失水过多会导致流动度大幅下降，水泥浆瞬凝，施工失败。若在水敏性地层发生水泥浆失水，会导致地层敏感性的泥页岩地层发生水化膨胀，环空尺寸减小，影响固井质量；水泥浆的滤液还有可能与地层水生成硫酸盐沉淀，污染生产层。

在注水泥作业时要根据具体情况和要求来控制水泥浆的失水，一般是加入水泥浆降失水剂。常用的降失水剂有两大类型，一类是微粒材料，例如膨润土、微硅、沥青、热塑性树脂及乳胶等；另一类是水溶性高分子，常用的有天然高分子及其改性产品，例如纤维素类，还有合成有机高分子，由于其降失水效果好，现已成为重要的降滤失水剂。

1) 常用降失水剂

水泥降失水剂有两大类，其一是颗粒材料，如膨润土、石灰石粉、沥青质材料、树脂等；另一类是水溶性高分子，如纤维素类、合成高分子类，例如聚丙烯酰胺类衍生物和聚乙烯吡咯烷酮类等。

花生壳细粉类纤维素和木质素材料之类的降失水剂不降低水泥浆的流动性，不伤害生产层，还可以使水泥石的抗压强度有所提高。类似于钻井液的降滤失剂，纤维素类的改性产品，如羧甲基化、羟乙基化和羧甲基羟乙基化的纤维素，均可用作水泥浆的降失水剂。CMC 的增黏作用强，在水泥浆中的加量不宜过大，一般为水泥的 0.2%~0.5%（质量分数），适用于120℃以下的井温。HEC 是固井用低黏产品，加量可为 0.5%~2%（质量分数），在高盐浓度下稳定，抗盐效果较好。CMHEC 有缓凝效果，如国外商品 Diacel-LWL 可控制水泥浆的闪凝，使用量较小，同 CMC。

通常将无机微粒与有机高分子复配使用，作为水泥浆的降失水剂。例如，将有机膨润土与煤油混合，再与微粒状亲水高分子（如纤维素类或 PAM 与 AMPS 的水解共聚物等）复配，所得微粒状产品可以改善滤饼结构，形成致密的渗透率低的滤饼，从而对水泥浆有很好的降失水作用。

2) 降失水剂的作用原理

与水基钻井液中降滤失剂的作用机理类似，有机降失水剂通过亲水的吸附基团（如羟基）吸附于水泥颗粒表面，使表面有一层溶剂化水层（即水化膜），增大水泥浆的有效黏度，减缓或阻止水泥浆中自由水的析出和水泥颗粒的聚结，改善颗粒的级配；通过颗粒在高分子链上的桥接作用，形成布满整个体系的网状结构，使体系中的水泥颗粒保持适当的分散性，在井壁形成薄而致密的滤饼，增大继续滤失的阻力。

由于有一定的分散作用，降失水剂还可以起到缓凝的作用。

4. 防气窜剂（gas channeling inhibitor）

防气窜剂是指能在注水泥过程中及注水泥后防止气体运移的水泥外加剂。

注入到环空中的水泥浆，形成水泥环。水泥环与套管外壁形成一界面，与井壁形成二界面。这两个界面都有可能由于水泥浆凝结后形成的水泥石胶结强度不够而产生微裂缝，例如由于水泥与水反应不完全而过早微裂，导致气窜。二界面由于井深和地层复杂性的增加，往往更容易出现问题，导致固井质量差，后期要经常修井作业。

向水泥浆中加入各种外加剂来调节水泥浆的性能，例如降失水、增加基质流动阻力或阻塞、延缓胶凝等，可以提高水泥石的胶结质量，还可以使用改变水泥可压缩性的发气剂以及采用泡沫水泥等来防止气窜。因此，防气窜剂主要有以下两种作用。

1) 防止或减少失重

在水泥浆中加入发气材料，例如铝粉、锌粉、双氧水及漂白粉等，这些发气材料能在水泥浆中生产大量极微小的气泡，均匀地分散在体系中，形成充气水泥浆。关井候凝时，作用于井壁，对地层产生一个附加压力，当水泥浆开始凝结产生失重现象时，这部分附加压力可以逐渐释放，从而弥补水泥浆凝结过程失重造成的压力降低，阻止地层流体的进入。

铝粉是水泥浆防气窜剂的最基本发气材料，冶炼铝合金的铝渣可用做发气剂，用来配制泡沫水泥浆，还可以改善水泥浆的机械性能，防止气窜。铝粉在水泥浆中的化学反应式如下：

$$2Al+Ca(OH)_2+2H_2O \longrightarrow Ca(AlO_2)_2+3H_2\uparrow$$

2) 增加气窜阻力

这类防气窜剂可以减少水泥浆在凝结过程中的透气性，降低塑性态水泥浆的渗透率，形成不渗透防气窜水泥，增加地层流体侵入环空水泥浆的阻力，从而防止气窜。

不渗透防气窜剂的作用机理有二：一是在渗透率高的井段岩石表面形成致密的滤饼，形成阻挡层，抑制地层流体的渗出；二是地层流体侵入水泥石孔隙后形成不可渗透的阻挡层，抑制地层流体的继续渗出。

常用不渗透防气窜剂有聚合物乳液（或胶乳）、部分交联的聚合物高分子以及微粒硅。例如，合成橡胶苯乙烯—丁二烯胶乳在不同井深的水泥浆中形成从上到下的完整的不渗透水泥环。水基橡胶的胶乳中若加入稳定剂和硅粉，还可以改善水泥石的伸缩性和延展性等机械性能，封堵孔隙，防止气窜。硅粉能促进水泥固化并参与到水泥的水化过程中，形成有效屏障，防止地层气体穿透水泥基质，橡胶乳则分散于水相，凝结成气体难透过的液膜。

另外，炭黑也可以用作防气窜剂，且成本低廉。聚乙烯醇可降低失水，防止水泥矿物成分的沉降，多采用复合的方式与其他添加剂如硅藻土等复配使用。

AMPS与丙烯酰胺类的共聚物，可以有效防止气窜，耐盐性能好，可以用于很高的井温

（260℃）情况下，而且与其他水泥外加剂的配伍性好。

习　题

1. 常用的油井水泥的主要矿物成分有哪些？
2. 影响水泥石最终强度的主要水泥成分是哪两种？
3. 水泥的哪一种成分决定水泥浆初凝时间和稠化时间？
4. 试分析水泥的水化过程。
5. 水泥在深井和超深井固井时，为什么要加一定量的硅粉？
6. 水泥浆常用外加剂有哪些？
7. 在注水泥浆之前为什么通常要注入前置液或隔离液？
8. 举例说明分散剂的作用机理。
9. 水泥浆为什么会失重？
10. 什么是稠化时间？举例说明常用的稠化时间调节剂有哪些？
11. 举例说明有机降失水剂的作用机理。
12. 防气窜剂有哪些类型？

第四章 采油化学

采油化学是油田化学的一部分，是油气田开发工程学与化学之间的边缘学科，研究如何用化学方法解决采油过程中遇到的问题。

对采油井而言，常会遇到出砂、结蜡、出水、稠油和产量低等五大问题，即所谓的"砂、蜡、水、稠、低"。注水井则有注入剖面不均匀、水注不进去及出砂等问题。在解决油水井问题的方法中，化学方法是一种重要的方法。

第一节 酸化液

油水井的酸处理可以有效提高注水井的注水量、提高采油井的产量。油水井的酸化主要是通过除去近井地带的氧化铁、硫化亚铁和黏土等堵塞物，恢复地层渗透率及溶解砂层砂粒间的胶结物，扩大孔隙结构的喉部，提高地层的渗透率。油水井酸处理是油水井有效的增产、增注措施。反应过程如下：

$$Fe_2O_3 + 6HCl \longrightarrow 2FeCl_3 + 3H_2O$$
（氧化铁）

$$FeS + 2HCl \longrightarrow FeCl_2 + H_2S \uparrow$$
（硫化亚铁）

在油水井酸处理过程中，需要根据酸化目的和地层条件来选择适当的酸及其添加剂，配成酸（化）液（acidizing fluid）。未做缓速处理的酸称为常规酸（regular acid）。

一、常用的酸

酸的基本类型有盐酸、土酸、醋酸、甲酸、多组分酸和粉状有机酸等，此外还有一些特殊的酸。

1. 盐酸（HCl）

盐酸因其成本不高及生成物可溶，而广为使用。常规酸化中，可以直接用盐酸处理石灰岩地层和灰质胶结的砂岩地层。它可以溶解白云岩[$CaMg(CO_3)_2$]、石灰岩（$CaCO_3$）以及其他碳酸盐岩。生成的氯化钙和氯化镁等可溶于水，随乏酸（spent acid，酸化地层后的酸）排至地面，这样增大了地层孔道，提高了近井地带的渗透率。反应过程如下：

$$CaCO_3 + 2HCl \longrightarrow CaCl_2 + CO_2\uparrow + H_2O$$
（石灰岩）

$$CaMg(CO_3)_2 + 4HCl \longrightarrow CaCl_2 + MgCl_2 + 2CO_2\uparrow + 2H_2O$$
（白云岩）

盐酸还可以解除高钙泥浆和氢氧化钙沉淀的污染，溶解堵塞水井的腐蚀产物（硫化亚铁和氧化铁），生成可溶于水的氯化物。同时，低浓度的盐酸可作为土酸酸化砂岩的前置液，溶解最大量的碳酸盐以减小氟化钙的沉淀。

油层酸处理所用盐酸的浓度一般为6%~15%（质量分数），当与高浓度缓蚀剂配合使用时，可以用37%（质量分数）的浓盐酸。这是由于高浓度的盐酸受地层水稀释作用的影响较小；生成的高浓度的盐可以提高乏酸的黏度，便于悬浮和携带颗粒物返排至地表；另外与碳酸盐生成的CO_2较多，便于酸化后乏酸的排出。

但是，浓盐酸在酸化白云岩时，生成的钙镁盐不溶于浓酸，会堵塞地层，一般用浓酸和稀酸或水交替处理地层。另外，浓盐酸不能直接处理高温井或深井，因为浓酸与地层作用快，酸化不到地层深部且对管道有很强的腐蚀性（高于120℃时更显著）。

处理高温地层可用潜在酸（latent acid，acid precursor），即在一定地层条件下能产生酸的物质。如NH_4Cl，在地层高温下可与甲醛反应生成盐酸。

2. 氢氟酸（HF）

常规酸化中，直接使用氢氟酸或土酸（mud acid，盐酸和氢氟酸的混合酸）处理泥质胶结的砂岩地层，也可溶解砂岩地层中的石英和长石等硅质物质，解除泥浆堵塞和提高泥质砂岩地层的渗透性。反应过程如下：

$$SiO_2 + 6HF \longrightarrow H_2SiF_6 + 2H_2O$$
（石英）

$$Na_2O \cdot Al_2O_3 \cdot 6SiO_2 + 50HF \longrightarrow 2NaF + 6H_2SiF_6 + 2H_3AlF_6 + 16H_2O$$
（钠长石）

$$Al_4[Si_4O_{10}](OH)_2 + 48HF \longrightarrow 4H_2SiF_6 + 4H_3AlF_6 + 18H_2O$$
（高岭石）

$$Al_4[Si_8O_{20}](OH)_4 + 72HF \longrightarrow 8H_2SiF_6 + 4H_3AlF_6 + 24H_2O$$
（蒙脱石）

氢氟酸使用的浓度为3%~15%（质量分数）。氢氟酸的缺点是不能处理石灰岩和白云岩，因为反应会生成CaF_2和MgF_2沉淀。一般砂岩地层中也含有一定量的碳酸盐，所以用氢氟酸或土酸进行酸化前，须用盐酸进行预处理，以减少上述沉淀。反应过程如下：

$$CaCO_3 + 2HF \longrightarrow CaF_2\downarrow + CO_2\uparrow + H_2O$$
$$CaCO_3 \cdot MgCO_3 + 4HF \longrightarrow CaF_2\downarrow + MgF_2\downarrow + 2CO_2\uparrow + 2H_2O$$
（白云岩）

同样，也可以用潜在酸产生氢氟酸来酸化地层。能生成氢氟酸的潜在酸有氟硼酸（HBF_4）、氟化铵（NH_4F）和氟化氢铵（NH_4HF_2）等。反应过程如下：

$$HBF_4 + 3H_2O \longrightarrow 4HF + H_3BO_3$$
氟硼酸

$$4NH_4F + 6CH_2O \longrightarrow \text{（六亚甲基四胺）} + 4HF + 6H_2O$$

3. 碳酸（H_2CO_3）

碳酸可以溶解碳酸盐岩。生成的酸式碳酸盐可溶于水，而且注水井中的 CO_2 可使乏酸易从注水井中排出，采油井中的 CO_2 可降低油的黏度，从而提高油的流动性。

4. 氨基磺酸（NH_2SO_3H）

氨基磺酸是一种粉末状的固体酸，在水中的溶解度不大，有效期长，可以酸化较深的地层，另外还有腐蚀性小、施工安全、易储存和运输等优点。

氨基磺酸主要用于酸化注水井，可与硫化亚铁、氧化铁和碳酸钙等反应，生成可溶于水的氨基磺酸盐，从而解除地层堵塞和提高地层的渗透率。反应过程如下：

$$FeS + 2NH_2SO_3H \longrightarrow (NH_2SO_3)_2Fe + H_2S\uparrow$$

$$Fe_2O_3 + 6NH_2SO_3H \longrightarrow 2(NH_2SO_3)_3Fe + 3H_2O$$

$$CaCO_3 + 2NH_2SO_3H \longrightarrow (NH_2SO_3)_2Ca + CO_2\uparrow + H_2O$$

5. 有机酸

甲酸（HCOOH）、乙酸（CH_3COOH）等弱有机酸对钢材、铝合金等的腐蚀性比盐酸轻，但费用较高，它们与地层反应速度慢，可用于酸化高温井和深井，但反应产物甲酸钙和乙酸钙的溶解度小，最好与盐酸复配使用。

有机酸也可由潜在酸产生，如甲酸乙酯和醋酸乙酯分别是甲酸和乙酸的潜在酸，将其水解可分别得到甲酸和乙酸。能溶蚀地层深处黏土的潜在酸称为黏土酸（clay acid）。常见的黏土酸有氟硼酸和四氟乙烷，它们可以水解产生氢氟酸，如氟硼酸的水解反应式如下：

$$HBF_4 + 3H_2O \longrightarrow 4HF + H_3BO_3$$

二、酸液添加剂

在酸处理油层的酸液中，常需加入许多添加剂用以改进酸液的性能。

1. 缓速剂（retardant）

缓速剂是能延缓酸液对地层的反应速度，增加酸的有效作用距离的化学剂。用缓速剂配成的酸化液即为缓速酸（retarded acid）。

常规酸化施工中，由于酸岩反应速度快，酸的穿透距离短，只能消除近井地带的伤害，若提高酸的浓度，可以增加酸的穿透距离，但大量胶结物的溶解会引起出砂及乳化液堵塞，同时也给防腐蚀带来困难，尤其是高温深井，所以常采用缓速剂。常用的缓速剂有以下几种。

1）表面活性剂

表面活性剂通过在地层表面的吸附来降低酸与地层的反应速度，从而起到缓速作用。初与地层接触时，表面活性剂的浓度高，因而吸附量大，降低反应速度的能力强。进入地层内部后，由于表面活性剂的浓度变小，因而吸附量也减小，降低酸岩反应的能力减弱。如低浓度酸处理液，可用表面活性剂（如脂肪胺盐酸盐和非离子—阴离子型表面活性剂）作缓速剂。通过它在地层表面吸附可以减小酸与地层的反应速率。表面活性剂可与酸液配成泡沫酸、乳化酸及微乳酸进行酸化处理。

（1）泡沫酸（foamed acid）

泡沫酸由酸液、气体和起泡剂配成，是能够延缓酸与地层反应的泡沫。在泡沫体系中，H^+向岩石表面的扩散受泡沫的阻碍，使路径复杂化，而且体系的高黏度也降低了酸的扩散速度，使酸岩反应速度降低。为了保持泡沫有较高的稳定性，常需要加入稳泡剂，通常可选用 Na—CMC 等水溶性高分子作为稳泡剂。泡沫酸进行酸化压裂时产生裂缝的能力较强，酸化半径大，适合于厚度大的碳酸盐岩地层，也适合于重复酸化的老井和水敏性地层。

（2）乳化酸（emulsified acid）

乳化酸由酸、油和乳化剂配成，是能延缓酸与地层反应的油包水型乳状液。油外相的乳化酸进入地层后，酸液不会直接与岩壁接触，要穿过相界面才能进行酸岩反应。经一定时间后，或由于地层温度较高，或油膜受机械力而被挤破，酸才能与岩石接触并反应。乳化酸也可能因乳化剂在地层表面的吸附而破乳，但这一吸附膜的存在，也会延缓酸岩反应，增加酸的穿透距离。由于酸化速度决定于油包酸乳状液的破乳速度，因此提高乳状液的稳定性就可以提高缓速效果。乳化酸的黏度较高且滤失小，特别适用于压裂酸化。常用的油相为煤油、柴油和轻质油等。酸主要用盐酸、氢氟酸或混合酸。

（3）微乳酸（microemulsified acid）

微乳酸由酸、油、醇和表面活性剂配成，可以延缓酸与地层的反应。微乳酸或胶束酸的表面张力低，洗油能力强，有保持地层润湿性、防乳化及悬浮能力，因而在地层中的穿透能力强，酸化深度和酸化效果都得以提高。这种技术适用于高黏度的稠油井、新转注井和被胶质沥青质堵塞的低渗透油田的油水井的酸化处理。

常用的表面活性剂可以是十二烷基磺酸盐等，HLB 值较小的表面活性剂可用做起泡剂和乳化剂。

2）增黏剂

在酸液中加入可溶的增黏剂（又称为稠化剂）可以提高酸液的黏度，得到稠化酸（viscous acid）。主要是通过增加酸液的黏度，降低酸中的 H^+ 扩散到地层表面的速度和反应产物由地层表面扩散到酸液中去的速度，从而降低酸岩反应速度。常用的增黏剂为水溶性高分子，如黄胞胶和聚乙二醇等。

2. 缓蚀剂（corrosion inhibitor for acidizing fluid）

酸液缓蚀剂是指能抑制酸液对金属腐蚀的化学剂。

减轻酸液对油管、套管及施工设备的腐蚀，是保证酸化作业顺利进行的关键技术之一。腐蚀问题在井温和酸浓度较高的情况下尤其突出。酸对油管、套管及施工设备的腐蚀主要是电化学腐蚀。H^+自动在金属表面获得电子还原成H_2逸出，金属铁则转变成Fe^{2+}，有时也有Fe^{3+}存在，进而构成原电池。高强度的钢材经高浓度的酸液腐蚀后变脆，且被酸液溶蚀的铁离子，在一定条件下还会对地层造成堵塞伤害。

常用的缓蚀剂可分为无机和有机两大类。无机缓蚀剂通过控制电池的负极达到缓蚀，主要有碘化钾等。有机缓蚀剂通过控制电池的正、负极反应达到缓蚀的目的。有机类缓蚀剂又可分为吸附型和成膜型两种。

1）吸附型缓蚀剂

吸附型缓蚀剂（absorption-type corrosion inhibitor）是通过在金属表面上吸附，使电池的正负极反应受到抑制而起缓蚀作用。

这类缓蚀剂可用阳离子型表面活性剂，如松香胺盐酸盐、1-聚氨乙基-2-烷基咪唑啉、烷基氯化吡啶、烷基三甲基氯化铵、聚氧乙烯烷基胺盐等。其中，吡啶类阳离子表面活性剂是目前国内外广泛使用的缓蚀剂。如我国油田常用的7701，主要成分是氯化苄基吡啶。美国各油田以咪唑啉及其衍生物为主。其分子式为

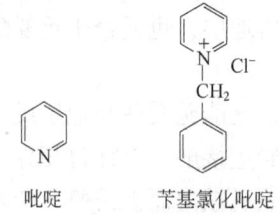

吡啶　　　苄基氯化吡啶

2）成膜型缓蚀剂

成膜型缓蚀剂（film-forming-type corrosion inhibitor）是通过膜的形成而起缓蚀作用的。

这类缓蚀剂的性能稳定，特别适用于高温条件下的缓蚀，如乙炔醇和丙炔醇等炔醇类，产品有美国的A-130、A-170和我国的7801等。其作用机理是炔醇通过π键与金属表面形成络合薄膜，来防止酸的侵蚀。红外光谱分析发现，炔醇在钢铁表面上形成膜的过程为：炔醇在三键处加氢形成烯醇，然后烯醇脱水生成共轭二烯烃，共轭二烯聚合，在金属表面形成像油脂的黏稠状膜。由于聚合作用，炔醇在金属表面可发生多点化学吸附，吸附膜较牢固，甚至在高温和浓盐酸下吸附膜也很难被破坏。其分子式为

$$CH_3-(CH_2)_4-\overset{OH}{\underset{|}{CH}}-C\equiv CH \qquad CH\equiv C-\overset{CH_2}{\underset{|}{OH}}$$

辛炔醇　　　　　　　　丙炔醇

油田实际应用时常采用复配缓蚀剂，如炔醇常与胺类、碘化物、吡啶、唑啉和季铵盐化合物等复配。

3. 铁稳定剂（iron stabilizer）

铁稳定剂是能通过络合、螯合、还原和 pH 值控制等作用防止铁离子二次沉淀的化学剂。反应过程如下：

$$Fe^{2+} + 2H_2O \longrightarrow Fe(OH)_2 \downarrow + 2H^+$$

$$Fe^{3+} + 3H_2O \longrightarrow Fe(OH)_3 \downarrow + 3H^+$$

酸化处理过程中，金属的腐蚀产物、地层中的氧化铁和硫化亚铁等在酸中溶解，都可产生 Fe^{3+} 和 Fe^{2+}。随着酸化的进行，酸浓度越来越低而 Fe^{3+} 和 Fe^{2+} 含量却越来越高。一定 pH 值下，当 Fe^{3+} 和 Fe^{2+} 达到一定浓度时，它们会水解成氢氧化物，重新生成堵塞地层的氢氧化物沉淀，此即所谓的二次沉淀（secondary precipitation，从乏酸析出的铁、硅等化合物沉淀）。当酸的浓度逐渐降低而 pH 值逐渐增大时，Fe^{3+} 比 Fe^{2+} 先水解析出。用铁稳定剂可防止铁盐水解，防止铁离子沉淀。铁稳定剂一般是络合剂，也叫铁螯合物（iron chelating agent，iron-sequestering agent），即能螯合铁离子，防止其二次沉淀的化学剂，如醋酸、草酸、乳酸、柠檬酸和乙二胺四乙酸（EDTA）等。其分子式为

（草酸）　　　（乳酸）　　　（柠檬酸）

1）醋酸

通过配价键与铁离子络合，生成稳定的在较高 pH 值下也不产生沉淀的六乙酸合铁（Ⅲ）络离子 $[Fe(CH_3COO)_6]^{3-}$，与亚铁离子生成四乙酸合铁（Ⅱ）络离子。醋酸还是 pH 值控制剂，在酸液中加足够量的醋酸（如质量分数为 1%~5%）就可使残酸保持在较低的 pH 值（2.4~2.8）。

2）乙二胺四乙酸二钠盐

EDTA 在酸性和中性介质中是 Fe^{3+} 良好的络合剂，使用浓度一般为 0.1%~0.5%（质量分数），对 Fe^{3+} 的络合作用可达到 93%。EDTA 可通过配价键与铁离子生成稳定的络离子。若以 Na_2H_2Y 表示乙二胺四乙酸钠盐，则生成的络合物为 FeY。虽然它不能控制 pH 值，但它与铁离子的络合非常完全。由于其价格昂贵，通常只在 Fe^{3+} 含量较高或对注水井进行酸处理时才使用。其分子式为

(FeY)

4. 防乳化剂（emulsion inhibitor）

防乳化剂是能防止乳状液生成的化学剂。防乳化剂是分子上带有分支结构的表面活性剂，如聚氧乙烯聚氧丙烯丙二醇醚、聚氧乙烯聚氧丙烯多乙烯多胺等，它能够吸附在原油与酸的界面上，使酸化过程形成的液珠易于聚集，防止乳状液的生成。其分子式为

$$CH_3-CH-O(C_3H_6O)_m(C_2H_4O)_nH$$
$$CH_2-O(C_3H_6O)_m(C_2H_4O)_nH$$

（聚氧乙烯聚氧丙烯丙二醇醚）

$$\begin{array}{c} \text{—CH}_2\text{CH}_2\text{—N} \begin{cases} (C_3H_6O)_m(C_2H_4O)_nH \\ (C_3H_6O)_m(C_2H_4O)_nH \end{cases} \\ \text{—N—(CH}_2\text{CH}_2)_4\text{—N} \begin{cases} (C_3H_6O)_m(C_2H_4O)_nH \\ (C_3H_6O)_m(C_2H_4O)_nH \end{cases} \\ \text{—(C}_3H_6O)_m(C_2H_4O)_nH \end{array}$$

（聚氧乙烯聚氧丙烯五乙烯六胺）

5. 助排剂（cleanup additive）

助排剂是能帮助工作残液从地层返排的物质。

表面活性剂是理想的助排剂。这类表面活性剂必须耐酸、耐盐，且在浓酸和含盐量高的状态下，仍能有效地降低界面张力，减小由油珠产生的贾敏效应，使乏酸易从地层排出。常用的助排剂主要是阳离子型表面活性剂，但最好的助排剂是含氟表面活性剂，因含氟表面活性剂可使界面张力降得更低，使乏酸更易从地层排出。其分子式为

$$[CF_3(CF_2)_6-\underset{\underset{}{\|}O}{C}-NH(CH_2)_2-\underset{\underset{C_2H_5}{|}}{\overset{\overset{C_2H_5}{|}}{N}}-CH_3]I$$

$$[CF_3(CF_2)_6-O(CF_2CF_2O)_2-\underset{\underset{CF_3}{|}}{CF}-\underset{\underset{}{\|}O}{C}-NH(CH_2)_2-\underset{\underset{C_2H_5}{|}}{\overset{\overset{C_2H_5}{|}}{N}}-CH_3]I$$

（含氟助排剂）

6. 防淤渣剂（sludge inhibitor, sludge preventive additive）

防淤渣剂是能防止酸与原油中某些非烃物质形成淤渣的化学剂。

酸中的 H^+ 和 Fe^{3+} 可与油中的胶质与沥青质反应产生淤渣，油溶性表面活性剂如脂肪酸、烷基苯磺酸等用做防淤渣剂，通过在油水界面的吸附，减小酸与油的直接接触，从而防止淤渣的生成。

7. 润湿反转剂（wetting agent）

润湿反转剂是能改变油层表面润湿性的化学剂。

在酸化中主要用于油井。常用表面活性剂型润湿反转剂，通过在油层表面吸附而起润湿反转作用。例如，由聚氧乙烯聚氧丙烯烷基醇与磷酸酯化得到的聚氧乙烯聚氧丙烯烷基醇醚的混合物，可以作为酸化处理过程中的润湿反转剂。酸液中的缓蚀剂在油井近井地带吸附，

可将油层的亲水表面反转为亲油表面，减小地层对油的渗透性，影响酸化效果，润湿反转剂可以消除这种副作用。

第二节 压裂液

利用地面高压泵组将高黏流体以大大超过地层吸收能力的排量注入井中，随即在井底附近形成高压。此压力超过井底附近地应力及岩石的抗张强度后，在地层中形成裂缝。继续将工作液注入裂缝中，则裂缝向前延伸。这一措施称为压裂，压裂过程中所用流体为压裂液。压力释放前需要注入支撑剂，所谓支撑剂（proppant），是指压裂时用压裂液带入裂缝，在压力释放后用以支撑裂缝的物质。在停泵后，压裂液已在地层中造成足够长的裂缝，并用支撑剂支撑住具有一定宽度及高度的裂缝。该裂缝具有很高的渗透能力，大大改善油气层的渗透性，对采油井或注水井起增产增注的作用。压裂原理如图4-1所示。

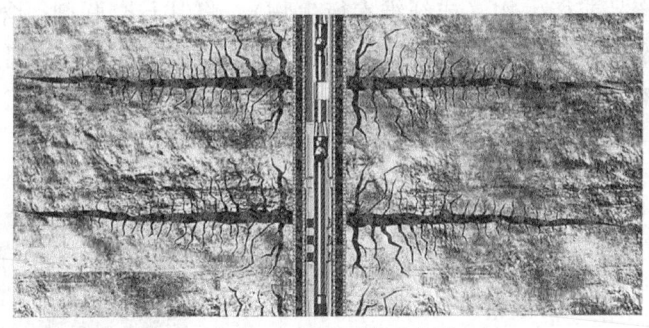

图4-1 压裂原理示意图

性能优良的压裂液应满足以下要求：①黏度高，便于携带支撑剂；②摩阻小，可有效传递压力；③滤失量低，可使井底压力快速上升；④不溶物少，低残渣，易返排，不乳化，不沉淀，不会堵塞地层；⑤热稳定性和剪切稳定性好；⑥易获得，经济性好；⑦易于运输，使用安全等。

目前使用的压裂液主要有水基和油基两大类，其中水基压裂液（water-base fracturing fluid）具有较高的黏度、低摩阻、悬砂能力好、对地层伤害小等特点，因而发展很快，已成为主要的压裂液类型。另外，为了满足压裂液的工作要求，常在压裂液中加入各种添加剂，如能减小压裂流动阻力的减阻剂（drag reducer for fracturing fluid）和能降低压裂液滤失量的降滤失剂（filter reducer for fracturing fluid）等。

一、水基压裂液

水基压裂液是以水作溶剂或分散介质的压裂液，可分为稠化水压裂液、水基冻胶压裂液、水包油压裂液和水基泡沫压裂液。

1. 稠化水压裂液（viscous water fracturing fluid）

稠化水压裂液是将稠化剂溶于水中配成的压裂液。其特点是黏度比水高得多，有利于携砂和减少滤失；在高速流动时，摩阻比水低。稠化剂蜷曲的分子链在高速流动时沿流动方向取向、伸长，有效地抑制水分子横向运动的能量消耗。从分子结构考虑，直链线型或短支链线型高分子稠化剂，比其他结构的稠化剂更易于取向和伸长，因而有更好的减阻作用。

2. 水基冻胶压裂液（water-base gel fracturing fluid）

水基冻胶压裂液是用交联剂将水中聚合物交联而得的压裂液。其特点是，由于交联，分子通过化学键产生遍及整个溶液的网状结构，形成冻胶。冻胶黏度很高，有足够的携砂能力；冻胶在管中呈柱塞式流动，所以高速流动时，冻胶塞与管壁接触的表面受到很大的剪切力，紧靠表面的交联结构被拆散，产生一层有降阻作用的稠化水，使冻胶段塞与管壁表面隔开，使冻胶的流动阻力大大减少。配制水基冻胶压裂液常用药剂如下。

1) 胶凝剂

国外 20 世纪 90 年代应用的胶凝剂以瓜尔胶及其衍生物和纤维素及其衍生物为主。瓜尔胶有未改性的天然瓜尔胶、羟丙基瓜尔胶（HPG）、羧甲基羟丙基瓜尔胶（MHPG）、羧甲基羟乙基瓜尔胶（MFIEG）等。纤维素有羧甲基纤维素、羧甲基羟乙基纤维素、羧甲基羟丙基纤维素及羟乙基纤维素等。多糖或纤维素衍生物也可用做胶凝剂来配制压裂液，如半乳甘露聚糖及其改性产品或衍生物（或纤维素衍生物），将其与交联剂、含钾离子的水基液、选自碱金属氯化物及次氯酸盐的足量破胶剂、破胶剂的活化剂、含有铵离子或能产生铵离子的化合物组成压裂液，能实现可控破胶，特别适用于高温深井的压裂施工。目前应用最多的胶凝剂是瓜尔胶类，占总用量的 90%。

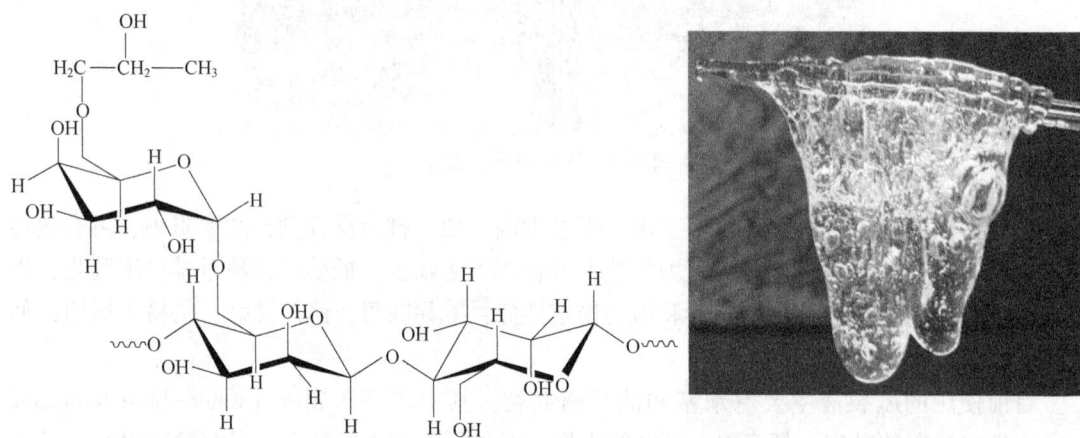

图 4-2 瓜尔胶分子结构及其凝胶外观

据统计，世界六大油田化学剂公司产品中以上两大类胶凝剂有 103 种产品。我国普遍使用改性田菁胶、改性瓜尔胶和魔芋胶及甲叉基聚丙烯酰胺等作为胶凝剂的水基冻胶压裂液。前三种交联的植物胶压裂液已有很长的应用历史。可用作胶凝剂的化合物也可细分为以下几类。

（1）半乳甘露聚糖类

常用于压裂作业的多糖类是瓜尔胶和田菁胶及其衍生物。瓜尔胶和田菁胶分别由各自的豆科植物的种子分离得到。它们具有相似的结构，都是半乳甘露聚糖。例如，田菁胶是由田菁胶种子分离得到的半乳甘露聚糖，结构和瓜尔胶一致，是由贰键连接的甘露糖为主链，半乳糖为侧链的线型天然高聚物，其半乳糖和甘露糖之比为 1：2。它们的平均相对分子质量不同，瓜尔胶的半乳甘露聚糖的平均相对分子质量约为 $113.7×10^4$，田菁胶的半乳甘露聚糖的平均相对分子质量约为 $44.2×10^4$。这两种植物胶具有较好的水溶性和交联性，而且黏度高，应用范围较广。但是它们溶解速度慢，水不溶物含量较高（瓜尔胶为 15%～20%，田菁胶为 28%～32%）。为提高它们的水溶性，减少不溶物，一般需改性。由其分子结构式可见，每个单糖有三个活性羟基。它们的化学改性就是在一定条件下，使这些羟基发生醚化、酯化等反应。通过化学改性，可使其羧甲基化、羟乙基化、羟丙基化、季铵化、硫酸酯化和聚氧乙烯化等。

改性瓜尔胶中使用得较多的是 HPG。将瓜尔胶粉分散在氢氧化钠的异丙醇溶液中，在氮气保护下与环氧丙烷反应即可制得。羟丙基瓜尔胶比原胶有更高的黏度，而且减少了氢键，降低了吸附和絮凝能力，增加了在与水互溶的醇类溶剂中的溶解度，减少了不溶物，易生物降解，国外普遍将其用于压裂作业。此外还有羧甲基瓜尔胶，在乙醇介质中，将瓜尔胶与一氯乙酸和氢氧化钠反应后，用冰乙酸中和即得，也可直接将瓜尔胶与氯乙酸钠反应。

将平均相对分子质量 $10×10^4$ 的羧甲基羟丙基瓜尔胶 0.2%～1.25%（质量分数）与 pH 值 2～4.4 的缓冲液、羧酸铝交联剂、缓交联剂、黄胞胶等配制成压裂液，此压裂液具有足够长的交联时间，有较好的携砂能力。硼交联的瓜尔胶液可用于 135～148℃ 高温井压裂。它的高温稳定性主要依赖于含有的 MgO 和 F^-。F^- 的作用是防止 MgO 在高温下沉淀，F^- 来源于 KF、NH_4F 或 NH_4HF_2。用含纤维素或黄原酸酶组分的伽马丁内酯与半乳甘露聚糖胶凝剂配制成缓破胶压裂液，适用于地层温度低于 160℃ 的油气井压裂。

田菁冻胶的黏度高、悬砂能力强，且摩阻比清水低 20%～40%，但滤失性、热稳定性及残渣含量均不理想。田菁胶在碱性条件下与氯乙酸或氯乙酸钠反应可得到羧甲基田菁胶，与原胶相比，减少了水不溶物，降低了黏度，但提高了水溶性和稳定性。羟乙基田菁胶（SPG）是在碱性乙醇介质中用环氧乙烷与田菁胶反应制得的。SPG 和羟丙基田菁仍有残渣偏高的问题存在。

（2）纤维素类

可将羟乙基纤维素胶凝剂、镧交联剂、多价螯合剂和支撑剂配制成水力压裂液。这类压裂液具有较好的降滤失性和较强的携砂能力，对改善低渗透地层具有较好的作用。CMHEC 纤维素胶凝液在煤层气增产改造中的应用结果表明，纤维素类比瓜尔胶类胶凝剂更为有效。

（3）丙烯酰胺类

一般是用部分水解的甲叉基聚丙烯酰胺与多价金属离子交联形成的水基冻胶，它比聚丙烯酰胺冻胶有更好的增稠能力，且热稳定性和剪切稳定性好，摩阻低、耐盐、耐高温，可用于 140℃、井深 3400m 的高温深井压裂。破胶后残渣低，对地层不造成损害。目前多采用丙烯酰胺与其他单体的共聚物。

AM 和 2-丙烯酰胺-2-甲基丙烷磺酸（AMPS）的共聚物胶凝剂，具有好的抗剪切性、较强的增稠能力、高抗酸性和好的减阻性，可用于 77℃ 以上地层的压裂。可以与有机钛、锆交联，交联的冻胶黏弹性好，破胶后无残渣，对地层损害较小。

聚两性电解质胶凝剂，是 AM、AMPS 和甲基丙烯酰胺基丙基二甲基二羟丙基磺酸铵（MAPDMDHPAS）的共聚物。共聚物的凝胶液用钛、锆交联，可用于温度为 204℃ 条件下的地层压裂作业，在压裂液中的用量为 0.72%（质量分数），还可用做酸液胶凝剂。

乙烯基共聚物胶凝剂,是用聚乙烯吡咯烷酮、聚乙烯吗啉、AM 与乙烯基苯甲基磺酸盐或乙烯基苯磺酸盐共聚得到的,用偶氮类作破胶剂,破胶效果良好,交联剂为多价金属离子。

(4) 有机膦酸酯盐类

有机膦酸 HPO_4RR'(其中 R 为 $C_6 \sim C_{18}$ 的烷基、芳基或烷芳基,R 为 H 或 $C_1 \sim C_{18}$ 的烷基、烷芳基、烷氧基)可作为压裂用胶凝液,加量一般为 0.3%~1.5%(质量分数),交联剂可以用柠檬酸铁铵或其低烷基取代衍生物。加入低相对分子质量的胺和 10%(质量分数)的表面活性剂时,可以在有大量水存在下进行压裂作业。若压裂液中含有可被油降解的橡胶和分散在橡胶中作破胶剂的粉状酸或碱颗粒,能延迟破胶剂释放,压裂液注入地层之后发生降解,在一定时间内有效,不需要很长的关井时间。

(5) 重质焦油类

热裂解的重质焦油和氯化铝复配可用做压裂液的增稠组分,重质焦油是原油热裂解制乙烯时大量产出的副产品,主要由石蜡族烃、单环芳烃、双环及多环芳烃、胶质和沥青质等组成。

此外还有烃类胶凝液,如由柴油或原油、5%~10%(质量分数)的水和脂肪酸皂化碱的蒸馏残渣组成的胶凝液,用于低温地层时,加癸二酸可以提高温度,加快凝胶形成。具有较低的泵送黏度和较强的悬砂能力。

2) 常用交联剂

20 世纪 90 年代应用的交联剂以硼、铝、钛、锆为主,国外有 80%(质量分数)的高温水基压裂液采用有机钛或锆作交联剂。在几十种交联剂中,20 世纪 90 年代开发的延缓交联的交联剂占优势,开发的产品也较多,如胶囊交联剂、其他物质包覆的交联剂及用其他组分抑制的交联剂等。

(1) 硼酸盐类交联剂

这类交联剂因其残渣低等优点而广泛用于压裂作业,有以下几类:

① 延缓交联的硼酸盐交联剂,由硼酸盐和水溶性聚糖组成。最好的硼酸盐是硼砂、硼酸和四硼酸钠等。适用的聚糖有瓜尔胶、羧甲基羟乙基瓜尔胶和羟丙基瓜尔胶。应用时将其适量加入压裂液中。其优点是交联剂释放时间较长,压裂液在泵送时具有较低泵压;成本比复合硼酸盐化合物交联剂低,且应用温度可高达 180℃。

② 缓释放硼酸盐交联剂(DRB),这类交联剂与弱酸水解的胶凝剂配制成 pH 值为 6.8 左右的胶凝液。胶凝液用氢氧化钠溶液将 pH 值调到 11 左右,可有效推迟交联。与钛、锆交联剂的支撑剂渗透率比较,钛和锆交联的羟丙基凝胶对支撑剂渗透率损害高达 90%,而硼酸盐交联剂交联的凝胶的损害率只有 10%~20%,现已成功应用,井深 3600m 左右,井底温度约 93℃。

③ 硼酸钠交联剂,可与乙二醛缓速剂及山梨糖醇组成延缓交联剂,缓速剂乙二醛趋向于附着硼酸盐离子,在溶液中与聚合物胶凝剂争夺游离硼酸盐离子,以延缓交联。山梨糖醇则作为缓速剂的稳定剂,使缓速剂在井底温度条件下不致解吸太快,从而延缓交联时间。上述混合物最好加热至 65~80℃,保温 2~4h。这种缓速交联液适用于任何一种能水合的多糖。该添加剂与瓜尔胶配合使用时,在 118℃下显示出优良的性能。

④ 羟基羧酸水基液,加入硼酸和碳酸钠(或钾和铁)形成缓交联液。这种液体具有交

联中性 pH 值的瓜尔胶及其衍生物和替代瓜尔胶的极好性能，能明显延迟交联，在用这种缓速交联液之前不需使用缓冲剂。该延缓交联液稳定性好，而且经老化、冷冻和解冻后仍具有很好的稳定性。硼 α-羟基羧酸盐在压裂液中的使用浓度为 $0.5 \sim 3L/m^3$。

⑤ 包胶硼酸盐交联剂，以水解半乳甘露聚糖的水溶液作为胶凝压裂液的基液（胶液），加入碱、多元醇及包胶可溶性硼酸盐化合物作为交联剂。硼酸盐从胶包中延迟释放，达到延缓交联的目的。这种延迟交联的凝胶压裂液尤其适用于地层温度为 $93 \sim 121℃$ 的油气井压裂作业。

(2) 高价金属离子交联剂

钛、锆和铬等的离子与聚合物通过有机配位体进行交联反应，配位体丙二酸盐预形成 Cr^{3+} 络合物交联高分子可得到延迟交联液，用于井温 $60 \sim 135℃$ 的油气井。以羧烷基取代度为 $0.01\% \sim 3\%$ 的聚半乳甘露聚糖为胶凝剂，加水配成胶凝液，再加热稳定剂和 pH 值调节剂。以锆盐作交联剂的压裂液在 $121℃$ 以上经过 $3h$ 以后至少还能保持其 10% 的原始交联黏度，可以增强水力压裂效果，具有高温稳定性。碳酸锆作交联剂，用量为 $0.001 \sim 2g/L$，以部分水解聚丙烯酰胺为胶凝剂，用量为 $0.5 \sim 50g/L$，采用质量分数为 2% 的 KCl 调配成胶凝压裂液，成本较低。锆卤化物或卤氧化物与多羟基化合物和 α-羟基羧酸反应，再用碱中和后所得产物作交联剂。这种交联剂特别适用于瓜尔胶及其衍生物胶凝液交联，能控制延迟交联。

(3) 其他交联剂

六亚甲基四胺（HMTA）可用做高低温地层压裂液的交联剂。低温下应用时，可通过降低聚合物液的 pH 值来引发交联，凝胶的成本和毒性均较低。在 $12 \sim 66℃$ 下可控制交联时间，凝胶适用于浅层、低温和对环境敏感的井。HMTA 用于 $104 \sim 175℃$ 的高温井时，需要用氢醌（HQ）或二羟萘（DHN）作高温稳定剂，方能获得理想的延缓交联的稳定凝胶。若配制胶凝液的水含有大量二价离子，需加 $NaHCO_3$ 以保持凝胶稳定。对苯二甲基醛（TPA）可用做中高温交联剂。在井温 $149 \sim 177℃$ 时应用最为有效，而且缓交联时间可控制。但是需用 TPA 作辅助交联剂。辅助交联剂的作用是稳定主交联剂和凝胶，这里 TPA 最好采用氢醌作辅助交联剂，$NaHCO_3$ 作高温稳定剂。二价酸酯（DBE）的混合物也可用做高温交联剂，在 $149 \sim 177℃$ 温度下能与聚丙烯酰胺形成胶凝强度高且稳定性极好的凝胶，缓凝时间从几小时到几天。二价酸酯包括丁二酸二甲酯、二甲基戊二酯和二甲基己二酯等。还有五倍子酸、对苯二酸（TPC）和戊二酸等可用做聚合物凝胶的酸交联剂，且获得的凝胶稳定性高。五倍子酸主要用做辅助交联剂，可与主交联剂如 HMTA 或 Na_2S 一起使用。TPA 在环境温度下使用较安全，在高温下毒性较大。这类交联剂适用于井温 $66 \sim 104℃$ 的油气井。

3) 破胶剂（gel breaker for fracturing fluid）

现在应用的破胶剂主要有酶类破胶剂和氧化破胶剂。胶囊破胶剂由密封膜包覆这两类破胶剂组成，可以控制释放破胶剂的时间。与常用破胶剂相比，破胶慢、延迟时间可控、能提高破胶剂使用浓度，而且破胶完成后，能迅速返排，减少地层损害，并使常规破胶剂的适用温度提高到 $204℃$。该类破胶剂在美国和加拿大应用较多。1992 年，加拿大在阿尔伯塔东南部浅层砂岩气藏采用了胶囊破胶剂。初期采用中温包覆破胶剂（MTEB），效果不理想，换用低温胶囊破胶剂（LTEB）后，在同一地区的 7 口井应用都获得成功。硼酸盐胶囊破胶剂在 Red Fork 地层中进行的试验表明，采用胶囊破胶剂的井 $90d$ 累计产量比未用胶囊破胶剂的井高。哈里伯顿公司的胶囊破胶剂，用碳化二亚胺合成的部分水解丙烯基化合物包覆常用破胶剂而成，这种破胶剂破胶彻底，对地层的损害小。

(1) 氧化破胶剂类

这类破胶剂适用温度可至130℃，用于各类水基压裂液破胶。例如，胶囊氧化破胶剂用于油气井水力压裂，使氧化破胶剂的使用温度提高，压裂液穿透深度增大而且降低了泵送压力。

① 黏土包裹的延缓破胶剂。采用过硫酸钠、过硫酸铵、过硫酸钾、氟化铵、氟化钾、氟化钠或磺酸按盐作破胶剂，黏土作黏合剂、有机黏合剂作加工助剂，并用硅藻土作颗粒强度和功能改进剂。可用任何成粒方法制成延缓破胶剂。在制备过程中要求过硫酸钠等破胶剂的晶体平均粒径为 $15\sim50\mu m$，制成的延缓破胶剂粒度最好为 $20\sim40\mu m$，每个延缓破胶剂大颗粒中最好含 8~15 粒过硫酸钠等破胶剂的小颗粒。这种缓破胶剂通常用量 $0.24\sim1.20kg/m^3$，适用温度为 60~107℃。在 60℃以下应用时，需用活化剂如三乙醇胺。

② 过磷酸盐的酯或酰胺破胶剂。常用的过磷酸盐与交联剂作用达不到良好的破胶效果，而过磷酸盐的酯或酰胺则不会与交联剂反应。该破胶剂适用于温度为 93~149℃ 的深井，可用于任何一种凝胶的破胶，用量通常为 $0.12\sim1.20kg/m^3$。

③ 低温破胶剂。主要是高碘酸盐和偏高碘酸盐，最好是高碘酸钾。高碘酸盐是通过氧化多糖链而破胶的，在 10~49℃ 温度下破胶特别有效。高碘酸钾在压裂液中的用量为 $0\sim0.84kg/m^3$。

④ 高温压裂液氧化破胶剂（HT-VCB）。这类破胶剂是可溶性活性氧化破胶剂体系，在 93~163℃ 的高温下能稳定降解。在 121℃ 下其半衰期为 36h，所以 HT-VCB 使用温度为 93~121℃，适用于各种压裂液的破胶。

(2) 酶类破胶剂

酶类破胶剂通常认为只能用于温度低于 60℃ 的地层。其最大特点是对环境污染小，适用于浅表地层和环境敏感区的作业。经过实验室和现场试验发现，酶类破胶剂是有针对性的，各种酶只能对应其易反应的聚合物。

① 瓜尔胶专用酶破胶剂（GLS），这是一种水解酶，在 pH 值为 8~11 时保持活性，适用温度为 15~149℃。GLS 是采用新的生物技术分离超耐热生物体和提纯制得的。GLS 具有极好的高温稳定和有效性，处理的压裂液具有很好的流变性、支撑剂输送性、渗透性（恢复达95%以上）以及高返排率。

② 酶的伽马丁内酯破胶剂，适用于半乳甘露聚糖胶、葡甘露聚糖胶、瓜尔胶及其衍生物等。伽玛丁内酯的作用是控制酶的破胶时间，破胶时需将压裂液的 pH 值调到 9~12，能有效控制酶释放，使破胶达到较好效果。

③ 树脂包裹的酶破胶剂，是包覆有一层不溶于水的树脂，其中含有能与聚合物胶凝液中的有机金属化合物络合的物质，可使交联的聚合物凝胶发生破胶而降低黏度。颗粒外面包裹的树脂可以减缓凝胶内颗粒络合物质的释放速度，适用于凝胶压裂液和胶凝酸破胶。

④ 包膜酶破胶剂，是分散的纤维质基质表面包裹一层酶溶液，包裹有酶溶液的纤维质在部分水解丙烯类化合物表面形成包膜。该破胶剂释放速度是可控制的。

3. 水包油压裂液（oil-in-water fracturing fluid）

水包油压裂液是以水作分散介质，油作分散相，水溶性表面活性剂作乳化剂配成的压裂液。乳化剂可用 HLB 值在 8~18 范围的表面活性剂，质量分数为 0.1%~3%。油水体积比可为（50∶50）~（80∶20）。与稠化水相比，水包油乳状液有很好的黏温关系。

由于是水外相，因此压裂液流动时的摩阻低，另外内相的油珠在地层移动时产生液阻效应，使滤失量减小。压裂后，乳状液由于乳化剂在岩石表面的吸附而破坏，便于液体从地层返排。

向水相中加入稠化剂，可配成稠化水包油压裂液，或称聚合物乳状液。可用于高温（160℃）地层，且有较好的降阻性能。

4. 水基泡沫压裂液（water-base foam fracturing fluid）

水基泡沫压裂液是以水作分散介质，气体作分散相，表面活性剂作起泡剂配成的压裂液。可用负离子型（如烷基磺酸盐、烷基苯磺酸盐）和非离子型（如 OP 型）等表面活性剂作起泡剂。其特点是黏度低，但悬砂能力强、低摩阻、低滤失量和低含水量，压裂后易于返排出来，对地层污染少。

二、油基压裂液

以油作溶剂或分散介质的压裂液称为油基压裂液（oil-base fracturing fluid），常见的油基压裂液有以下几种。

1. 稠化油压裂液（gelled oil fracturing fluid）

稠化油压裂液是将稠化剂溶于油中配成的压裂液。

20 世纪 60 年代，开始使用羧酸铝，其后又有磷酸酯铝盐作为油溶性表面活性剂，压裂液的适用温度范围扩大，增加了支撑剂的输送。例如，超过一定浓度后，铝的脂肪酸盐可在油中形成网状结构，将油稠化。一定量的油溶性高分子如聚丁二烯、聚异丁烯等，在油中也可形成网络结构，将油稠化。活性剂或高分子沿流动方向取向，油分子横向运动的动能消耗少，因而稠化油有减阻作用。

2. 油冻胶压裂液（oil-base gel fracturing fluid）

油溶性稠化剂浓度足够大时，稠化油压裂液转化为油冻胶压裂液。黏度更高，悬砂能力更强，可用于压裂更深的地层。例如，把 PE-92、偏铝酸钠加入油中分别作增黏剂、交联剂可配得油冻胶压裂液，可用醋酸钠做破胶剂。

3. 油包水压裂液（water-in-oil fracturing fluid）

油包水压裂液是以油作分散介质，水作分散相，油溶性表面活性剂作乳化剂配成的压裂液。可用斯盘型（如 Span-80）和酰胺型表面活性剂作乳化剂。其优点是黏度大、携砂能力强、滤失量低、对地层伤害小，缺点是流动摩阻高。

若将水中加入一定量的酸，可配成油包酸压裂液，破乳后可释放出酸液，将压裂产生的裂缝溶蚀加宽，提高压裂效果。

4. 油基泡沫压裂液（oil-base foam fracturing fluid）

油基泡沫压裂液是以油作分散介质，气体作分散相，且使用泡沫稳定剂（如聚硅氧烷）。特别适用于压裂水敏性地层。

三、醇基压裂液

以醇作溶剂或分散介质的压裂液称为醇基压裂液（alcohol-base fracturing fluid）。专门用于处理产气层。如凝胶甲醇—水溶液，在产出气中的溶解度较高，黏度很合适，能与地层水混相，并且表面张力较低。由于蒸气压高和表面张力低，即使在低渗透和低压地层中，在处理之后以可将处理液很快完全地返排出来。

四、黏弹性表面活性剂压裂液

黏弹性表面活性剂压裂液（YES）是长链脂肪酸的季铵盐类阳离子表面活性剂溶解在盐水中形成的胶束溶液。一般表面活性剂在水溶液中形成的胶束呈球状、圆盘状或圆柱状，不能使溶液增黏。YES 压裂液中所用的混合表面活性剂是由季铵盐类表面活性剂与平衡阴离子（无机阴离子和有机阴离子）组成的，它们在盐水中形成的胶束主要呈蚯蚓状或长圆棒状，相互之间高度缠结，构成了网状胶束，类似于交联的长链聚合物形成的网状结构。网状胶束结构使表面活性剂胶束溶液具有凝胶的性质，溶液的黏度大幅增加并有一定的弹性。

YES 压裂液进入含油地层后，亲油性有机物将被胶束增溶，棒状胶束膨胀，最终崩解成为较小的球形胶束，VES 凝胶降解，形成黏度很低的水溶液。YES 被地层水稀释后也可破胶液化。它有操作简单、易于配制，现场所需设备少，不需聚合物水化，不需要杀菌剂、交联剂和破胶剂等优点。用于压裂的 YES 压裂液要求油气层温度低于 115.56℃。其缺点是成本较高，约为常规压裂液的 5 倍，而且在高渗地层可能会出现压裂液滤失，需选择有效的降滤失剂配合使用。

第三节 调剖与堵水

油层是非均质的，因而注入油层中的水大部分进入高渗透层，使得注入剖面不均匀，油井过早水淹。在出水油井上采取堵水措施，虽可降低含水量，提高油井产量，但是有效期短，成功率有限，特别是非均质严重的地层。因此，解决油井过早水淹的问题，必须从注水井着手。另外，为了发挥中、低渗透层的作用，提高注入水的波及系数，就必须调整注水井的注入剖面（即调剖）。而要调整注入剖面，就必须封堵高渗透层。

一、注水井调剖法

注水井的调剖按施工方法可分为单液法和双液法。效果不好时，可多次处理来进行调剖。

1. 单液法（single-fluid method）

单液法调剖是向地层注入一种调剖剂（profile control agent），所谓调剖剂，是指能调整注水地层吸水剖面的物质，如图 4-3 所示。这类调剖剂随后变成能封堵高渗透层的物质，从而调整注水地层的吸水剖面。

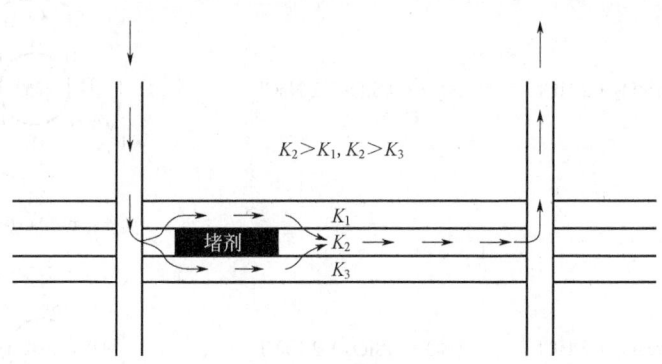

图 4-3 单液法调剖

单液法调剖的优点是，能充分利用药剂，因堵剂是混合均匀后注入地层的，经一定时间后所有调剖剂都在地层中起作用。用量少，封堵高渗透水层的强度高，成本低、工艺简单、施工安全，而且必要时可以解堵。其缺点是处理的地层深度受温度控制。

用于单液法的调剖剂有石灰乳、硅酸溶胶、冻胶、硫酸及水包稠油等。

1) 石灰乳

将石灰（CaO）加入水中即可得 $Ca(OH)_2$ 悬浮液，即石灰乳。悬浮颗粒的直径较大，特别适合封堵裂缝性的高渗透层。不需封堵时，可随时用盐酸除去。

除石灰乳外，还可用其他不溶或难溶的物质，如 $Mg(OH)_2$、$Al(OH)_3$、黏土、炭黑、塑料颗粒、果壳颗粒及水膨体（遇水膨胀而不溶解的聚合物）颗粒等作悬浮体封堵高渗透层。这类封堵剂中含有各种固体或半固体微粒，用于封堵注水地层的渗滤面。按渗滤面的吸水能力的大小产生不同程度的封堵，用量少，但只适用于垂直渗透率远小于水平渗透率的地层。

2) 硅酸溶胶

硅酸溶胶是典型的单液法调剖剂，处理时将硅酸溶胶注入地层，经过一定时间后，硅酸溶胶即胶凝变成硅酸凝胶，将高渗透层堵住。

硅酸有多种组成，通常以通式 $xSiO_2 \cdot yH_2O$ 表示，有一定的稳定性并能独立存在的有偏硅酸 H_2SiO_3（$x=1$，$y=1$）、正硅酸 H_4SiO_4（$x=1$，$y=2$）和焦硅酸 H_6SiO_7（$x=2$，$y=3$）。水溶液中主要以正硅酸存在，并由它聚合成其他不同的多硅酸（即硅酸溶胶）。因为在各种硅酸中以偏硅酸的组成最简单，所以常用其结构式代表硅酸。

通常在稀硅酸溶液中加入电解质，或者向适当浓度的硅酸盐溶液加酸，即可生成硅酸凝胶。生成的凝胶软而透明，有弹性，其强度足以阻止通过地层的水流。现场常用硅酸钠（又名水玻璃）与活化剂反应来制备凝胶。根据制备方法的不同，可得到两种硅酸溶胶：酸性硅酸溶胶和碱性硅酸溶胶，如图 4-4 所示。

酸性硅酸溶胶是将水玻璃加入盐酸中制得的。根据法扬斯法则，当离子键固体从溶液中吸附离子时，若溶液中的离子能与固体中的异号离子形成难溶物，则这种离子优先被吸附（可理解为同种离子优先被吸附）。硅酸优先吸附溶液中过量的 H^+，胶粒表面带正电荷。颗粒之间因静电斥力而不易彼此合并，因而溶胶在溶液中有一定的稳定性。该体系的胶凝时间较短，但凝胶强度较大。

碱性硅酸溶胶是将盐酸加入水玻璃中制得的。硅酸优先吸附溶液中过剩的硅酸根 SiO_3^{2-}，因此胶粒表面带负电。

$$Na_2O \cdot mSiO_2 + 2HCl \longrightarrow H_2O \cdot mSiO_2 + 2NaCl$$
（硅酸）

酸性硅酸溶胶胶团示意图

$$Na_2O \cdot mSiO_2 + 2HCl \longrightarrow H_2O \cdot mSiO_2 + 2NaCl$$
（硅酸）

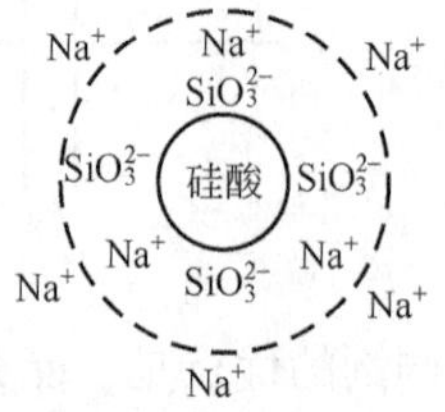

碱性硅酸溶胶胶团示意图

图 4-4　硅酸溶胶调剖剂

这两种溶胶在一定温度、pH 值和硅酸含量下，在一定时间内均可胶凝。这类调剖剂价廉，可经济地处理井周围半径为 1.5~3.0m 的地层，能进入地层小孔隙，在高温下稳定。其缺点是水玻璃完全反应后微溶于流动的水中，强度较低，需加固相（砂子、硅粉等）以提高其强度，或用水泥封口。水玻璃能与多种普通离子反应，处理前，须验证地层水中各种离子与水玻璃的反应，如有不良反应，则需要将待处理层上下隔开。

3）冻胶

冻胶是由高分子溶液转变而来的失去流动性的体系。溶液之所以失去流动性是由于其中的高分子为交联剂所交联。常用的高分子有聚丙烯酰胺类和纤维素类等，交联剂可用高化合价金属离子和醛等，如图 4-5 所示。

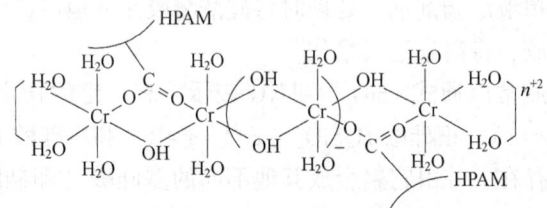

图 4-5　聚丙烯酰胺的铬冻胶示意图

4）硫酸

对于碳酸盐岩层，可将浓硫酸注入注水井，硫酸与近井地带的碳酸盐反应，增加注水井的吸收能力。但产生的硫酸钙难溶物随酸液进入地层，并多在高渗透层沉积而形成堵塞。

5）水包稠油

通过油珠在孔喉结构中的液阻效应的叠加，增加高渗透层中水的流动阻力。

2. 双液法（double-fluid method）

双液法是使用两种工作液作为调剖剂进行调剖的方法。该调剖剂的两种工作液以隔离液隔开，当将它们注入地层并外推至一定距离，即可相遇产生封堵物质，调整注水地层的吸入剖面。多次处理时，隔离液的体积逐次增加，可取得更好的封堵效果。

双液法调剖的优点是能处理任何深度的地层，因而能有效地改变注水剖面。缺点是用量大，工艺繁琐，动用的设备多，成本高，季节适应性差。

1）沉淀性调剖剂（precipitation-type profile control agent）

这类调剖剂是以沉淀作为封堵物质的调剖剂。两种工作液可以是反应生成沉淀，也可以不反应。

对于反应后生成沉淀的两种工作液而言，为使第二反应液易于指进入第一反应液，要求将第一反应液稠化，如加入少量的水溶性高分子，如图 4-6 所示。隔离液一般用水，也可用烃类或其他不与工作液反应的液体以防止水对反应液的稀释。隔离液的用量取决于沉积的位置。反应过程如下：

$$3Na_2CO_3 + 2FeCl_3 \longrightarrow Fe_2(CO_3)_3 \downarrow + 6NaCl$$

$$Na_2O \cdot mSiO_2 + FeSO_4 \longrightarrow FeO \cdot mSiO_2 \downarrow + Na_2SO_4$$

$$Na_2O \cdot mSiO_2 + CaCl_2 \longrightarrow CaO \cdot mSiO_2 \downarrow + 2NaCl$$

$$Na_2O \cdot mSiO_2 + MgCl_2 \longrightarrow MgO \cdot mSiO_2 \downarrow + 2NaCl$$

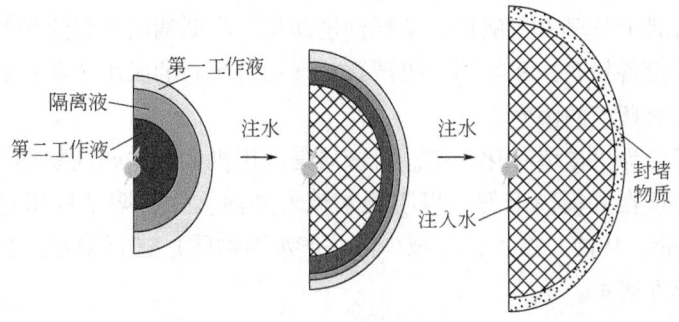

图 4-6 双液法调剖

对于两种工作液不发生反应的调剖剂有黏土双液法堵剂。可将黏土配成两种体系，一种是稀体系，另一种是浓体系。两种体系以自来水或油田污水作为隔离液交替注入，浓体系一般用于近井地带封堵，稀体系一般用于远井地带的封堵。其原理有：积累膜机理（每交替注入一次，孔道表面就产生一层膜，孔道变小）、絮凝机理（工作液中的水溶性高分子与黏土桥接，絮凝体滞留在大孔道喉部）、偶合机理（浓体系的冻胶交联处带正电荷，可与黏粒表面的负电荷发生静电偶合作用，使堵剂强度提高，堵水有效期延长）和毛细管阻力机理（冻胶与水之间存在界面，这种界面通过孔道时有毛细管阻力产生，当孔道被堵剂阻塞，孔径变小时，毛细管阻力增大）。

2）凝胶型调剖剂（gel-type profile control agent from sol）

这类调剖剂是以凝胶作为封堵物质的调剖剂，由水玻璃和活化剂组成。第一反应液可以是水玻璃，用电解质（如硫酸铵等）作第二反应液。所产生的凝胶可以封堵高渗透水层。反应过程如下：

$$Na_2O \cdot mSiO_2 + (NH_4)_2SO_4 + 2H_2O \longrightarrow mSiO_2 \cdot H_2O + Na_2SO_4 + 2NH_4OH$$
（可由溶胶变凝胶）

3）冻胶型调剖剂（gel-type profile control agent from polymer solution）

这类调剖剂是以冻胶作为封堵物质的调剖剂，由聚合物及其交联剂组成。第一工作液由高分子组成，交联剂用做第二工作液。

4) 胶体分散体型调剖剂（colloidal dispersant-type profile control agent）

这类调剖剂是以胶体分散体作为封堵剂的调剖剂，主要有泡沫和乳状液两类。例如泡沫调剖剂分别向地层中注入起泡剂溶液和气体，它们在地层相遇后产生泡沫，通过泡沫中气泡的气阻效应的叠加，使高渗透层发生封堵。可以在液体中加入水溶性高分子和黏土作为泡沫稳定剂形成三相泡沫进行调剖。

5) 树脂型调剖剂（resin-type profile control agent）

这类调剖剂是以树脂作为封堵物质的调剖剂。

树脂经稀释后进入地层，在固化剂及地层温度作用下固化，封堵强度极高，可堵死孔道，适用于封窜堵漏。缺点是费用较高且误堵后难处理。主要有酚醛树脂、脲醛树脂、环氧树脂等。

二、油井堵水法

油井出水是油田开发过程中存在的一个普遍问题，它给油井生产、油气集输和油田开发工作带来的影响有时十分严重。例如：消耗油层能量、降低油层的最终采收率；降低抽油井的泵效；使管线和设备的腐蚀和结垢变得严重；增加脱水站的脱水负荷；若不将脱出的水回注地层，则将增加对环境的污染。

油井的堵水可分为机械堵和化学堵。机械堵是利用机械方法或纯物理作用封堵水层。一般封隔器将出水层位在井筒内卡开，以阻止水流入井内。化学堵是利用化学方法或堵水剂（water shut-off agent，从油井注入，能减少油井产水的物质）进行堵水。化学堵又可分为非选择性堵水和选择性堵水。

1. 非选择性堵水（non-selective water shut-off）

非选择性堵水是既堵水又堵油，对水和油的封堵没有选择性的堵水方法。非选择性堵水适用于封堵单一水层或高含水层。可用于非选择性堵水的材料如下。

1) 硅酸钙

硅酸钙由水玻璃与氯化钙反应生成。把一定模数的水玻璃溶液和一定数量的氯化钙溶液隔以惰性液体（如柴油），交替注入高渗透层内。两溶液在地层岩石孔隙内相混合，生成不溶于水的硅酸钙沉淀，堵塞岩石孔道，阻止水流入油井而起堵水作用。油田中广泛使用质量分数为38%的水玻璃溶液，室温下黏度为206mPa·s，pH=11.2。氯化钙可配成38%~42%（质量分数）的溶液。每米厚度水层用水玻璃1~1.5倍，氯化钙溶液用量为水玻璃的1~1.5倍。水玻璃还可与三氯化铁和硫酸亚铁溶液反应生成沉淀堵塞地层孔隙。水玻璃这类堵剂来源广、成本低，且施工简单安全。

2) 水基水泥

水基水泥由水和水泥配成，主要是利用其凝固后的不透水性进行封堵。堵水时，用油将水基水泥替至出水层段，然后将其挤入出水层位，水泥固化后即可将水层堵住。一般地，水泥浆的相对密度为1.6~1.8，每米厚度用量为0.2~0.4m³。其缺点是易污染油井。

3) 树脂

常用酚醛树脂。将热固性酚醛树脂与固化剂混合后挤入水层，在水层温度和固化剂作用下，热固性酚醛树脂可在一定时间内交联成不溶不熔的酚醛树脂，将水层堵住。另外，还有脲醛树脂和环氧树脂等。

4）冻胶

将高分子溶液与交联剂混合后注入水层，可封堵近井地带的出水层位。也可将高分子溶液与交联剂分成几个段塞，中间以隔离液隔开，交替注入出水层位，使其进入水层一定距离后才混合，适用于封堵远井地带的出水层位。

2. 选择性堵水（selective water shutoff）

选择性堵水是对水的流动有较大的抑制作用，而对油的流动影响较小的堵水方法。适用于封堵不易用封隔器隔开的油层和水层。

1）水基堵水剂（water-base selective water shutoff agent）

水基堵水剂是以水作溶剂或分散介质的堵水剂。常用的水基堵水剂有以下几种。

（1）HPAM

部分水解聚丙烯酰胺 HPAM 的选择性堵水的原理有三种解释。一是吸附作用（也称作亲水膜理论），HPAM 是水溶性高分子，由于出水层位含水饱和度较高，因而 HPAM 优先进入水层；二是酰胺基和羧酸基团通过氢键吸附在地层表面而保留在水层，形成一层亲水薄膜，在油层，由于表面为油所覆盖，所以 HPAM 不在油层吸附，也不易保留在油层；三是 HPAM 中未吸附部分由于链节带负电而向水中伸展，对水的流动产生摩擦阻力，若水中有油通过时，由于 HPAM 不亲油，分子不能在油中伸展，因此对油的流动阻力小。此外还有动力捕集理论和物理堵塞理论，HPAM 易于和地层水或地层母岩中的多价离子反应，生成网状结构限制水在多孔介质中的流动，且由于水趋于使网状结构膨胀，而油和气使其收缩，降低产水而不影响油气产量。

对于渗透率较高的地层，HPAM 不易见效，尤其是遇到地层有裂缝和孔洞时，因此研发了交联 HPAM 选择性堵水剂。控制 HPAM 溶液的 pH 值、温度或交联剂（如醛类和高价金属离子）的化学特性，使交联反应在地下指定的部位完成，这样有利于实现选择性堵水。随着交联度的增加，吸附在地层表面的 HPAM 更向外伸展，封堵更大的孔道，如图 4-7 所示。同时，吸附在地层表面的 HPAM 产生横向结合形成结构，提高吸附层的强度，因而有更好的堵水效果，可延长堵水的有效期，如图 4-8 和图 4-9 所示。

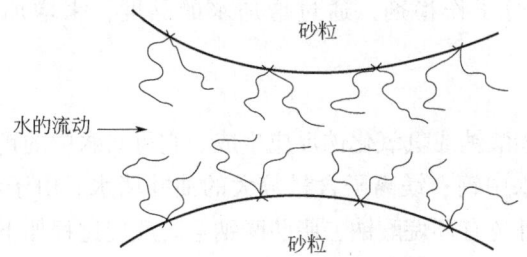

图 4-7　HPAM 在水中伸展增加水流阻力

类似于 HPAM，部分水解聚丙烯腈也可用做选择性堵水剂，其结构和选堵作用与 HPAM 相同，也可交联使用。

（2）泡沫

泡沫的堵水原理是：以水为外相的泡沫优先进入水层，在出水层稳定存在；水层中泡沫的气阻效应叠加，使水在岩石孔隙介质中的流动阻力大大增加；泡沫在油层不稳定，

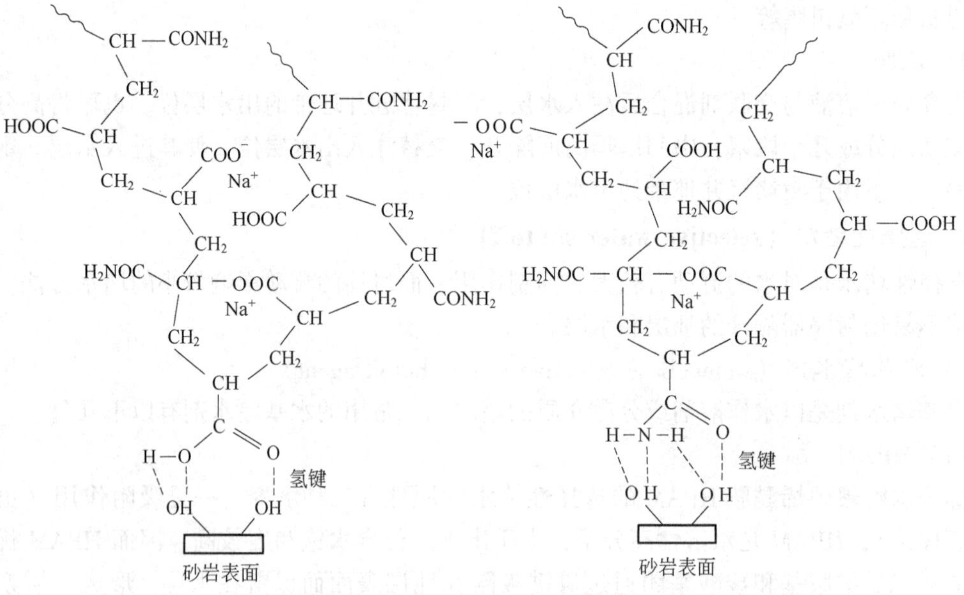

(a) 通过—COOH形成的氢键   (b) 通过—CONH₂形成的氢键

图 4-8　HPAM 在砂岩表面的吸附

图 4-9　HPAM 提供减少油流动阻力的水膜

因为油相吸引起泡剂的能力大于气相，所以油水界面和气水界面共存时，起泡剂将由气水表面转移到油水界面，引起泡沫的破坏。起泡剂可用磺酸盐型表面活性剂，另外，可以加入一些水溶性的高分子作稳剂，通过增加水的黏度，来增加气泡合并变大的阻力，提高泡沫的稳定性。

(3) 松香酸钠

松香酸钠由松香与碳酸钠或氢氧化钠反应生成。它可与水中的钙、镁离子等生成不溶于水的沉淀，适用于地层水中钙、镁离子含量较大的油井堵水。由于油层中的油不含钙镁离子，所以它不堵油。另外还有环烷酸钠、脂肪酸钠等。反应过程如下：

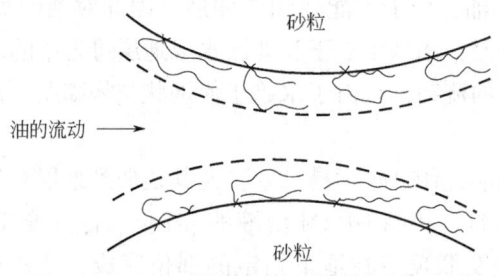

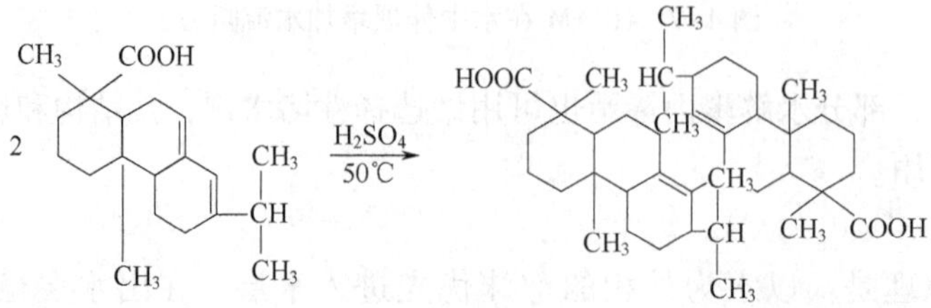

(松香)　　　　　　　　　　　(松香二聚物)

2) 醇基堵水剂（alcohol-base water shutoff agent）

醇基堵水剂是以醇作溶剂或分散介质的堵水剂。

松香二聚物易溶于低分子醇而不溶于水，所以当它的醇溶液与水相遇时，水即溶于醇中，降低了它对松香二聚物的溶解度，使其饱和析出。由于其软化点较高，所以它以固态析出，从而对水层有较高的封堵能力。

3) 油基堵水剂（oil-base water shutoff agent）

油基堵水剂是以油作溶剂或分散介质的堵水剂，可分为以下几种。

(1) 烃基卤代甲硅烷

烃基卤代甲硅烷有两种重要的化学性质：一是可与砂岩表面的羟基反应，使砂岩表面憎水化；二是可与水反应，生成相应的硅醇。出水层的砂岩表面由亲水反转为亲油，增加了水的流动阻力，从而减少了油井的出水；硅醇中的多元醇易缩聚成不溶于水的聚硅醇，从而封堵出水层位。其分子式为

$$\text{(CH}_3\text{)}_2\text{SiCl}_2 + 2\text{H}_2\text{O} \longrightarrow \text{(CH}_3\text{)}_2\text{Si(OH)}_2 + 2\text{HCl}$$
（二甲基甲硅二醇）

$$n\,\text{(CH}_3\text{)}_2\text{Si(OH)}_2 \longrightarrow \text{HO}\!\!-\!\!\left[\text{Si(CH}_3\text{)}_2\!-\!\text{O}\right]_n\!\!-\!\!\text{H} \downarrow + (n-1)\text{H}_2\text{O}$$
（聚二甲基甲硅二醇）

(2) 聚氨基甲酸酯

堵水用的线型聚氨基甲酸酯由多羟基化合物与多异氰酸酯聚合而成，其中异氰酸基（—NCO）的数量超过羟基的数量。这样反应过剩的异氰酸基遇水可发生一系列反应，生成氨基并放出二氧化碳，所产生的氨基继续与异氰酸反应，生成脲键（—NHCONH—）。脲键上的活泼氢可继续参与反应，使原来可流动的线型聚氨基甲酸酯最终变成不流动的体型聚氨基甲酸酯，将出水层位堵住。而在油层，因含水很少，所以不会发生堵塞。

聚氨基甲酸酯在使用时，常用有机溶剂将其稀释，以提高流动性；用低分子醇作封闭剂，在一定时间内，将聚氨基甲酸酯中的异氰酸基全部反应掉，这样，即使留在油层也不会有不良影响；用低级胺作催化剂，如二甲基乙醇胺、三乙胺和三丙胺等。

(3) 活性稠油

活性稠油是溶有表面活性剂的稠油。如果表面活性剂的 HLB 值与稠油乳化成 W/O 乳状液所需的 HLB 值一致，则稠油遇水后即可产生比稠油黏度高得多的油包水乳状液，从而封堵出水层。在油层，由于水量很少，油所受的阻力也就很小。可使用的表面活性剂有烷基磺酸、油酸和斯盘 80 等。

(4) 油基水泥

油基水泥是水泥在油中的悬浮体。水泥表面亲水，因而水可以置换水泥表面的油而使水泥固化，封堵出水层。为提高油基水泥的流动性并控制其固化时间，一般在其中加入表面活性剂，如油酸钠、硬脂酸钠等。

3. 单液法、双液法结合堵水调剖新工艺

油井化学堵水和注水井化学调剖工艺可分为单液法和双液法两种,为克服双液法和单液法堵水调剖的不足,现出现了一种新的技术方案,即单液法、双液法结合技术。如 SAD 系列堵剂,由 A 和 B 两种工作液组成,从施工工艺上来说属于双液法堵剂。SAD-1 型堵剂的 A 工作液以水玻璃为主剂并配有交联剂、调节剂,成胶时间在 5~20h 之间;B 工作液由改性聚醚树脂和交联剂、促凝剂组成,成胶时间在 5~40h 之间。A、B 两种工作液接触之后反应,形成具有一定强度的封堵物质。性能明显优于水玻璃—氯化钙堵剂,因为前者能够充满地层孔隙,而后者仅有部分封堵物质充入地层孔隙。SAD-2 型堵剂是适应辽河油田注蒸汽开采稠油井的高温化学堵剂。A 工作液为无机凝胶体系,B 工作液为木质素树脂凝胶体系。A、B 两种工作液本身都能够形成凝胶,相互间又可以发生化学反应形成封堵物质,因而增大了堵剂的强度和封堵可靠性。能够耐蒸汽温度和耐蒸汽冲刷,适用于气驱井组的调剖、高轮次吞吐井的调剖和封堵气窜。

第四节 油水井化学防砂

砂岩油层中,砂岩胶结物一般为黏土矿物(主要为蒙脱石、绿泥石、伊利石及高岭石),这些矿物尤其是蒙脱石遇水易水化、膨胀和分散。而油田多为注水开发,因此这些矿物遇水膨胀迁移,造成严重出砂。油水井出砂严重影响油田的正常生产;堵塞采油层段;堵塞和损坏油管、油嘴、油水分离器和出油管线及设备;造成井壁坍塌;挤压套管并使其变形损坏。对于注水井,在洗井或作业后排液时发生出砂,会堵塞注水层位,可以采用化学防砂法(chemical sand contml)。

一、化学胶结防砂法

用化学方法防止砂从地层产出,一般是用固砂树脂将松散的砂粒胶结起来,如图 4-10 所示。

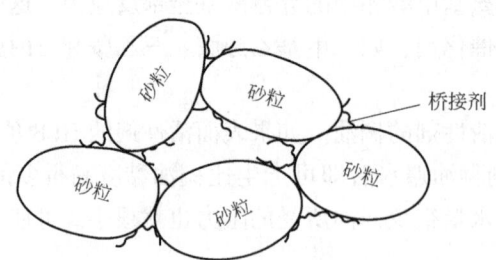

图 4-10 化学胶结防砂法原理

1. 化学方法防砂施工步骤

1) 注预处理液

在用固砂树脂(sand consolidation resin,能将松散砂粒胶结起来的树脂)前,一般须对砂层进行预处理,以除去砂粒表面的油、水及影响胶结剂固化的物质。除去砂粒表面的油,可用液化石油气、汽油、煤油及柴油等预处理液;除去砂粒表面的水,可用乙二醇丁醚;除去砂粒表面的碳酸盐,可用盐酸进行预处理。

若要改变砂粒表面的润湿性,可用表面活性剂进行预处理,如用亲水性表面活性剂,可使砂粒表面由亲油反转为亲水,可使极性的胶结剂有好的胶结效果。

2) 注胶结剂

注胶结剂是将胶结剂注入要胶结的砂层中。为使胶结剂均匀注入,在注胶结剂前,可先注入一段转向剂(diverting agent,或称为分散剂,能封堵高渗透层,使工作液转向低渗透层的物质),减小高渗透层的渗透率,将砂层各处的渗透率拉平,这样胶结剂可以较为均匀地分散入砂层中。

3) 注增孔液

胶结剂将砂粒胶结起来,但是砂粒孔隙中的胶结剂会堵塞砂层,减小胶结后砂层的渗透率,因此要用增孔液将这部分多余的胶结剂推至地层深处。用极性的胶结剂时,一般用非极性的增孔液,如煤油和柴油等,因为它们不会溶解胶结剂。

4) 固化胶结剂

胶结剂注入地层后须固化,方可将砂粒胶结。多用固化剂(curing agent)。

2. 常用的胶结剂

1) 酚醛树脂

酚醛树脂有两种:一是地面预缩聚的热固性酚醛树脂,以10%(质量分数)的盐酸作固化剂在增孔后注入;另一种是地下合成的酚醛树脂,以氯化亚锡作固化剂。氯化亚锡与水作用慢慢释放出盐酸,使酚醛树脂慢慢固化,可与苯酚和甲醛一同注入地层后再增孔。适用于地下温度不低于60℃的地层,苯酚、甲醛和氯化亚锡的质量比为1:2:0.24。

树脂类还有脲醛树脂、糠醛树脂、环氧树脂和呋喃树脂等可作为固砂树脂。为了提高固砂效果,常加入一些处理剂,如加强固砂树脂与砂粒表面结合的偶合剂(coupling agent)、降低黏度的稀释剂(diluent)和提高柔韧性的增韧剂(toughening agent)。

2) 硅酸钙

向砂层中注入水玻璃,以柴油作增孔液,再注入氯化钙溶液,使其与水玻璃生成硅酸钙。也可将水玻璃分散在油中注入砂层,再注入氯化钙将其固化。此外,还有二氧化硅和焦炭等可用做胶结剂。

二、人工井壁防砂法

在已出砂的地层亏空处,做一个由固结的颗粒物质组成的有足够渗透率的防砂屏障,即人工井壁,如图4-11所示。

1. 填砂胶结法

填砂胶结法是向出砂层亏空处填砂,然后用胶结剂将所填的砂胶结起来的一种防砂方法。

2. 树脂涂敷砂法

在砂粒表面预先涂敷上一层树脂即为树脂涂敷砂(resin-coated sand),将其充填至砂层的亏空处,在热或固化剂作用下,使树脂固化,从而将砂粒胶结起来。

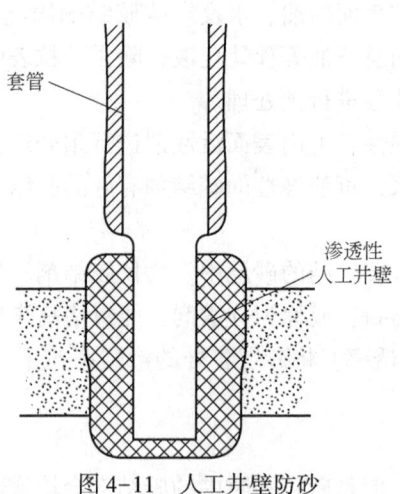

图 4-11 人工井壁防砂

3. 水泥砂浆法

将水、水泥和石英砂按质量比为 0.5∶1∶4 的比例混合成水泥砂浆,泵入砂层的亏空处固化。

4. 水泥熟料法

将石灰石和黏土按一定比例烧结,再将其粉碎至一定的粒度,再将其用于充填砂层的亏空处,在水的作用下固化。

第五节 防蜡与清蜡

原油开采过程中,由于温度、压力的降低及轻质烷烃的逸出,溶解在石油中的石蜡以晶体析出并依附在油管壁、套管壁、抽油泵及其他采油设备上,形成蜡沉积物。这就是油井结蜡,如图 4-12 所示。

图 4-12 油管结蜡

一、蜡沉积物的组成

蜡沉积物包括石蜡、微晶蜡、胶质和沥青质等,并混有原油、水、砂和泥等杂质。其组成取决于原油的成分、特性、形成条件和位置。

石蜡是指 $C_{17} \sim C_{60}$ 的一系列正构烷烃,其中 $C_{20} \sim C_{30}$ 的烷烃含量最多。固态纯蜡是白色,不溶于水,易溶于苯,高温下溶于原油。熔点为 $48 \sim 62 ℃$。由纯石蜡形成的晶核生长起来的蜡晶是坚硬的网状交错的晶体,晶格多呈针状或菱形薄片状。

微晶蜡(又称地蜡)的相对分子质量较高,熔点也较高($65 \sim 90 ℃$),是含有烷基、环烷基和芳香基等支链的长链烃,精制后呈细小针状。

胶质和沥青质的化学结构类似,沥青是胶质的进一步缩合物,胶质的相对分子质量为 $500 \sim 1500$,沥青的相对分子质量大于 1000,可达到 10^5。它们的分子结构中含有大量的芳香环、环烷基、杂环等。这些结构通过亚甲基联系起来形成树脂类缩合物。因此,胶质和沥青质含有大量的极性基团,也有较长的烷烃碳链,是表面活性物质。

二、影响油井结蜡的因素

原油和蜡沉积物的组成、油井开采条件(温度和压力等)是影响油井结蜡的主要因素。

1. 原油组成

在油井管壁上最初结晶的是相对分子质量较大的难熔烷烃,而熔点较小、相对分子质量较低的烷烃,则可能被黏附在温度低的浅井部位形成晶核。显然,原油中的石蜡含量越大,蜡的初始结晶温度会提高。

微晶蜡比石蜡有更高的相对分子质量和支链,自身的热运动较弱,阻碍了石蜡分子的聚结。因此,微晶蜡能形成数量多、尺寸小的晶核,抑制大块或网状蜡晶的生成,具有分散作用。而且形成的晶格往往不完整或不能形成晶体,出现晶体结构和非晶体结构混集。这种抑制作用对相对分子质量稍低的石蜡分子特别明显。

胶质和相对分子质量较小的沥青质有较强的表面活性,易吸附到已生成的蜡晶表面,极性基团能阻止原油中的石蜡烷烃进一步覆盖在蜡晶上,抑制蜡晶生长,形成多结晶中心,晶体发育不规则。由于相对分子质量小,所以不能单独起晶种的作用。

沥青质自身以极小微粒的形式分散于原油中,易成为结晶中心,增加原油中的晶核,蜡晶尺寸变小。胶质若被包裹在蜡沉积物中,能在管壁形成致密、牢固的蜡层,不易被油流冲走,给清蜡带来一定的困难。

可见,原油中的轻质烃组分比例越大,越能溶解石蜡,原油凝点和黏度都明显降低。所以,常采用轻质油稀释法来输送高蜡、高凝、高黏原油。

原油中的微细黏土、砂粒及难溶盐(如氧化铁、硫酸盐、碳酸盐等)在原油中会成为石蜡的结晶中心,加速结蜡速度。相反,原油中若所含盐水较多,则会使结蜡程度减轻,因为盐水能导致和保持采油设备表面的水润湿,减少石蜡烷烃的吸附。

2. 油井开采条件

1)温度

油流温度和管壁温度对蜡沉积量及黏附强度有直接影响,油流温度的下降取决于井底温度和井温下降梯度。若油流温度高，石蜡在原油中溶解度大，不易结蜡。井温下降梯度高，石蜡在较大的冷却速度下结晶，其溶解度下降很快，而石蜡在原油中的浓度下降较慢，在过饱和状态下结晶，形成的晶核数量多、晶体小、分散度大，沉积量也小。反之，若井温下降梯度小，形成的晶体大，管壁沉积量也多。

2）压力

压力影响原油中溶解气体 $C_1 \sim C_5$ 烷烃的含量。原油中没有溶解气，或原油所处压力高于饱和压力，溶解气不可能分离时，地层压力越大，析蜡温度越高。压力低于饱和压力后，压力越小，溶解气分离越多，析蜡温度越高。因为溶解气对石蜡有增溶作用。溶解气的大量分离会导致油流温度降低，有利于石蜡的析出。

3）原油产量

原油产量增加，石蜡数量也就增加，管线上积蜡量理应随之增加。然而多数情况表明，高产井的结蜡情况没有低产井严重。原油产量增加，热量散发慢，油流温度降低慢；而且高产井通常压力也大，脱气少，因此油流有较高的温度，石蜡在油流中溶解度增大。高速的油流冲刷也会使蜡晶不易沉积在抽油管道上而转移到油井出口管线。

除了上述影响因素外，蜡沉积还受管壁材料和光洁度控制。钢管表面应十分光滑或用塑料涂层。给定温度下，蜡沉积数量、硬度、蜡质量分数及石蜡的平均相对分子质量随金属和塑料表面光洁度上升而下降。但是已经在管壁上黏结的蜡晶随时间的延长还可能重新结晶，小晶体可能变成大晶体，使结晶层更为致密结实。

三、结蜡过程

石蜡的结晶过程可分为三个阶段：析蜡阶段、蜡晶长大阶段和沉积阶段。若蜡是从某一固体表面的活性点析出，此后蜡就在其上不断长大引起结晶，则结蜡过程只有前两个阶段。

四、防蜡剂的作用机理

防蜡剂是能抑制原油中蜡晶析出、长大、聚集和（或）在固体表面沉积的化学剂。因此化学防蜡即是用化学方法抑制原油中蜡晶析出、长大、聚集和（或）在固体表面上的沉积。

根据作用机理的不同，化学防蜡剂（chemical paraffin inhibitor）可分为蜡晶改性剂（paraffin crystal modifier）和蜡分散剂（parraffin dispersant），前者是能改变蜡晶形态的化学剂，后者是能提供结晶中心或吸附在蜡晶表面而使蜡处于分散状态的化学剂。

1. 成核作用

在高于原油析蜡温度时，防蜡剂从原油中析出，产生大量细小的结晶中心，石蜡烷烃则黏附在防蜡剂的微晶上，蜡晶之间不趋于连接。沥青质能有效地降低井壁蜡沉积的机理就是沥青的成核作用。实验证明，大部分沥青原油的蜡晶生长快，因此人们将类似于沥青结构的稠环芳烃用做防蜡剂。

2. 共结晶理论

原油温度降至析蜡温度时，防蜡剂与石蜡同时析出生成混合晶体（即共结晶）。与纯蜡相比，这种晶体的晶形不规则、不完整，分枝较多，破坏了纯蜡晶生长的方向性，抑制了蜡晶网状结构的形成。

根据这一理论，防蜡剂大分子的支链通常应具有该石油中石蜡类型的链节、链长和基团，以便能与蜡晶同时析出。对于低倾点原油或石蜡，相对分子质量较低的含蜡原油多用短支链防蜡剂。例如，聚甲基丙烯酸酯是具有梳形链结构的支链高分子，其多个侧链烷基能与石蜡共结晶。

3. 吸附理论

在原油温度低于析蜡温度之后，防蜡剂被吸附到已形成的蜡晶表面，抑制其生长，阻止蜡晶之间相互连接和聚集。

烷基萘之类的芳香型防蜡剂就是通过对蜡晶的吸附作用，促使原油倾点降低，用显微镜观察加入烷基芳香族防蜡剂的油样时发现，蜡不呈片状或针状而是有分枝的星形结晶，使蜡晶处于分散状态，如图4-13所示。

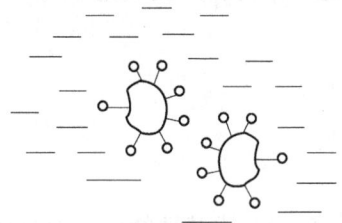
(a) 表面活性剂在蜡晶表面吸附

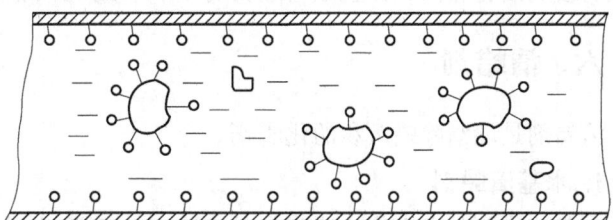
(b) 表面活性剂在油管表面吸附

图4-13 吸附防蜡机理

五、常用防蜡剂

1. 稠环芳香烃型

这类防蜡剂是有两个或两个以上苯环分别共用两个相邻碳原子而成的芳香烃，如萘、菲、蒽等。主要通过参与形成晶核，使晶核发生扭曲，不利于石蜡结晶的继续长大而起防蜡作用。

2. 表面活性剂型

这类防蜡剂通过表面活性剂在蜡晶表面或结蜡表面上的吸附而起防蜡作用。油溶性表面活性剂在蜡晶表面吸附，使其变成极性表面，不利于蜡分子的进一步沉积，如石油磺酸盐、胺型表面活性剂等。水溶性表面活性剂在结蜡表面（油管、抽油杆和设备表面）吸附，使其变成极性表面并有一层水膜，不利于蜡的沉积，如季铵盐型、平平加型和Span型等水溶性表面活性剂。

3. 高分子型

这类防蜡剂是蜡晶在聚合物分子链上析出而起防蜡作用的。一般为油溶性、具有石蜡结构链节的支链型高分子。这些高分子在浓度很小时，能形成遍及整个原油的网络结构，而石蜡在网络结构上析出，并被分离，不能互相聚集变大，也不易在钢铁表面沉积，易被油流带走，如高压聚乙烯及以乙烯作为单体之一的高分子微晶蜡。常用的是乙烯—醋酸乙烯酯共聚物（EVA），它具有良好的原油降凝降黏作用，不仅可用于油井防蜡，更广泛用于原油及其他油品的管道输送，尤其是对高倾点原油的输送。一般采用聚合物防蜡剂时，多配以有机溶剂、分散剂或表面活性剂。例如，以 EVA 为主的防蜡剂，可与高压聚乙烯、萘和松香等复配使用。乙烯与羧酸乙烯酯共聚物的分子式为

$$\mathrm{+CH_2-CH_2\,}_m\mathrm{+CH_2-CH\,}_n \quad R: C_1 \sim C_{25}$$
$$\underset{\underset{C-R}{\underset{\parallel}{O}}}{\overset{O}{|}}$$

（乙烯与羧酸乙烯酯共聚物）

此外，改变油管表面性质也可起到防蜡作用，可用玻璃油管和涂料油管。如玻璃油管的内壁衬有一层薄玻璃，玻璃的表面是极性，即亲水，加之光滑和保温作用使得蜡不易在其表面沉积。涂料油管是在油管内壁涂上防蜡涂料，主要是聚氨基甲酸酯及其他树脂等，其作用机理与玻璃油管相同，而且涂料还具有不利于蜡沉积的极性化学结构，如氨酯键等。

六、清蜡剂

清蜡剂是能清除蜡沉积的化学剂。

1. 水基清蜡剂

水基清蜡剂是以水作为溶剂，其中溶有表面活性剂、互溶剂和/或碱性物质，通过润湿反转、互溶和分散等作用进行清蜡的清蜡剂。

表面活性剂在此的作用是润湿反转，它使结蜡表面反转为亲水表面，有利于蜡从表面脱落，不利于蜡在表面再沉积。常用的有磺酸盐型、季铵盐型、聚醚型、Span 型、平平加型和 OP 型等。互溶剂主要是用来增加油（包括蜡）与清蜡剂的相互溶解度，多用低级醇和醇醚等。碱可与蜡中的沥青质等极性物质反应，产物易溶于水，可用水基清蜡剂将它从表面清除，常用苛性钠等碱性物质。

2. 油基清蜡剂

油基清蜡剂是一类蜡溶量很大的溶剂，如苯类和轻质油，因易燃，使用不安全，且有一定的毒性，所以多不用。

3. 水包油型清蜡剂

水包油型清蜡剂是以水基清蜡剂溶液作为连续相、油基清蜡剂作为分散相、浊点低于结蜡段温度的非离子型表面活性剂作乳化剂所配得的清蜡剂。将此类清蜡剂送至结蜡段以下，与油混合并从油管采出时，两种清蜡剂共同起清蜡作用，有较好的清防蜡效果。

习 题

1. 油水井酸化常用的酸有哪些？
2. 酸化常用添加剂有哪些？简述其作用机理，并列举代表性化合物。
3. 什么是土酸？
4. 哪些油层矿物不能用氢氟酸处理？
5. 什么是压裂、压裂液、支撑剂？

6. 性能优良的压裂液应满足哪些要求？
7. 常用压裂液可分为哪几大类？
8. 水基压裂液包括哪几种具体类型？配制水基压裂液常用到哪些化学剂？
9. 油基压裂液包括哪几种具体类型？配制油基压裂液常用到哪些化学剂？
10. 注水井调剖常用哪些方法？常用调剖剂有哪些？
11. 油井堵水常用哪些方法？常用堵水剂有哪些？
12. 选择性堵水的机理是什么？
13. 常用的化学防砂方法有哪些？
14. 什么是油井结蜡？蜡沉积物由哪些物质组成？
15. 影响油井结蜡的因素有哪些？简述其影响机理。
16. 石蜡的结晶过程可分为哪几个阶段？
17. 常用防蜡剂有哪些？其防蜡机理是什么？
18. 常用的清蜡剂有哪些？

第五章 提高采收率

原油采收率是采出地下原油占原始储量的百分数，即采出原油量与地下原始储油量的比值。依靠天然能量开采原油，即一次采油的采收率很低，一般只有5%~10%。20世纪40年代后广泛应用二次采油方法，即向油层内注水或注气以补充能量采油，但二次采油平均采收率通常为30%~40%，仍有60%~70%的油剩留在地层中。针对二次采油未能采出的残余油，采用向地层注入其他工作剂或引入其他能量的方法（即三次采油法），通常是紧跟在二次采油之后，如化学驱及混相驱等。目前将除天然能量采油和注水、注气采油以外的任何方法称为提高原油采收率（Enhanced Oil Recovery，EOR）。

国内外目前都特别重视采油前的油藏精细描述，强调对油层的各种非均质的精细研究。因为油层的非均质性对采收率的影响很大。如油层渗透率在垂直剖面上的非均质性，使得注入水沿不同渗透率层段推进的速度不同，当渗透率级差增大时，常会出现明显的单层突进，高渗透层见水早，造成水淹厚度小、波及效率低。所谓波及系数，是指驱油剂波及的油层容积与整个含油容积的比值。可见只有扩大注入的驱油剂的波及体积，提高波及系数才能提高驱油效率。另外，流度比和油层流体黏度对波及系数也有较大影响。流度比表示驱替相流度和被驱替相流度的比值。水驱油时，流度比为

$$M = \frac{\lambda_w}{\lambda_o} = \frac{K_w}{K_o} \cdot \frac{\mu_o}{\mu_w}$$

式中，λ_w、λ_o为水和油的流度；K_w、K_o为水和油的有效渗透率；μ_w、μ_o为水和油的黏度。

若$M>1$，通常是油的黏度大于水的黏度，即水驱稠油，因而油水前缘不规则，出现黏性指进，称为不利流度比；$M<1$时则称为有利流度比。因此，注驱油剂驱油时，控制流度比，使其尽量小于或接近1，利用增加注入水的黏度或降低原油黏度的方法提高波及系数，从而提高原油采收率。受油水黏度差、毛细管力、黏滞力和油水界面张力等的影响，驱油剂通常不可能波及整个油层。原油的黏度一般比水大，随着在地层中的向前推进，油水黏度差增加，小毛细管中的阻力大于大毛细管中的阻力，出现微观指进，降低了驱油效率。可见，改变岩石表面的润湿性和减少毛细管现象可以提高驱油效率，从而提高原油采收率。

可以用驱油效率描述水的洗油能力，定义为宏观水波及区内驱出油量与原始含油量的比值。影响因素主要有岩石孔隙结构、润湿性、原油黏度及毛管数等。岩石微观结构越均匀，渗透率越高，驱油效率越好。亲油油层的采收率目前最高只有45%，亲水油层的采收率则高得多。微观水驱油试验表明，水驱后油层中一般还有50%以上的残余油。长期注水后，地层多孔介质中会形成不流动的小油滴，即二次残余油，宏观水波及的油区内仍然存在水驱

不走的油。在注入水波及的范围内，残余油以膜状、岛状、柱状、簇状等几种形态滞留在油层中（图5-1），这些滞留在油层中的油由于受到毛细管力、黏附力和内聚力的作用而成为残余油。如果在注入水中加入表面活性剂进行活性水驱，毛细管力、黏附力和内聚力可大大降低。提高原油采收率的主要目的就是要降低这部分残余油的饱和度。

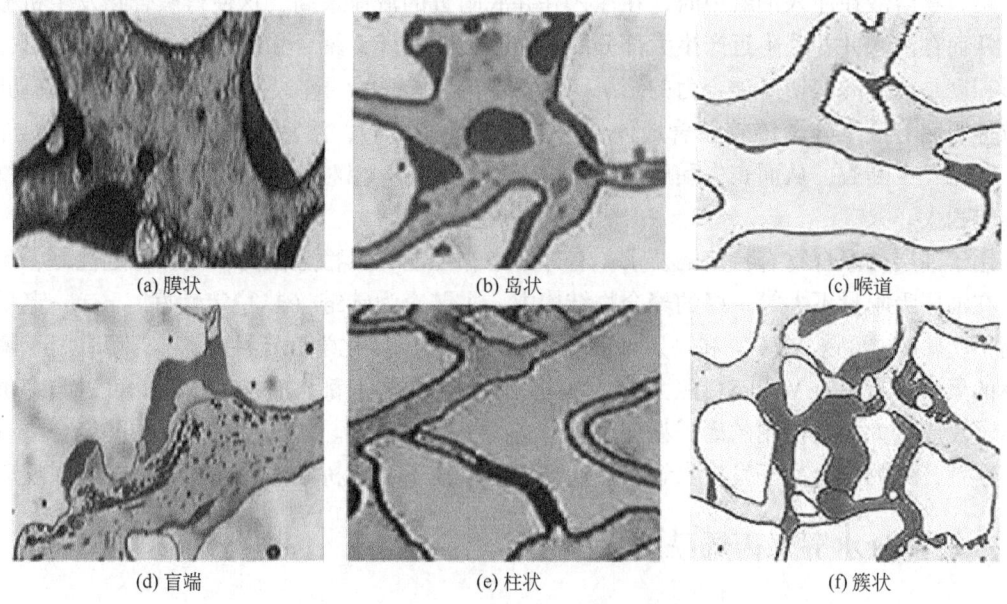

图 5-1　滞留在油层中不同形式的残余油

目前通称为 EOR（提高原油采收率）方法的主要有热力采油法、混相驱油法和化学采油法等。这里主要讲化学采油法，即化学驱（chemical flooding），是以化学剂组成的各种体系作驱油剂的驱油法。化学驱方法是三次采油提高采收率的主要方法，其中，表面活性剂是提高采收率幅度较大、适用面较广、具有发展潜力的一种化学驱油剂。以表面活性剂体系为主体的驱油法叫表面活性剂驱油法，简称表面活性剂驱。驱油用的表面活性剂体系有稀表面活性剂体系（如活性水、胶束溶液）和浓表面活性剂体系（如微乳液），表面活性剂驱提高采收率的原理与碱驱大体相同，前者通过外加表面活性剂起作用，后者通过碱与原油中酸性成分就地产生表面活性剂起作用。从表面活性剂的结构特征以及水驱后残余油的受力情况出发，通过分析表面活性剂在油水界面的分布特征以及表面活性剂与油藏地层、油藏流体等的相互作用机理，可以阐述表面活性剂驱的驱油机理。

目前化学驱已经成为正在发展的三次采油主要方法。

第一节　聚合物驱

聚合物驱（polymer flooding）是指以聚合物作驱油剂（oil displacement agent，从注入井注入地层，将油驱至采油井的物质）的提高原油采收率的方法。

聚合物驱中，聚合物增加了水相的黏度，而聚合物在岩石孔隙中的滞留，又减少了水相的有效渗透率，因而减小了水油流度比，提高了驱油剂的波及系数，从而提高了原油采收率。所用的水溶性高分子又称为流（动）度控制剂（mobility control agent），即通过增加液体的黏度和（或）减小孔隙介质渗透率而达到控制流度的化学剂。其中能明显提高液体黏度的化学剂是稠化剂（thickener）。

聚合物溶液在注入油藏中时，在注入井井底附近的流速最高，这使得聚合物发生机械降解，从而在注入井井底附近产生大部分的黏度损失。另外，聚合物在多孔介质中流动时，其变形程度是拉伸和剪切两项合力的结果。当柔性的聚合物分子在这样的复杂条件下流动时，其拉伸引起溶液中分子链较显著地伸长。当链伸长显著时，溶液的黏度增加，但剧烈伸长时，链会发生断裂，从而丧失黏度。因此聚合物的结构、相对分子质量及浓度等对聚合物驱的影响很大。

用于油层的聚合物有特定的要求：有好的增黏性能，热稳定性高，化学稳定性好，耐剪切，在油层吸附量不大等。好的聚合物结构中，主链应为碳链（热稳定性好），有一定量的负离子基团（增黏效果好）和一定量的非离子亲水基团（化学稳定性好）。实际应用于聚合物驱的聚合物有 HPAM 和 XC 两大类。因为这两种聚合物上都含有羧基，因此可以与多价金属离子反应，大规模使用的离子型交联剂有铬离子和铝离子。如三价铝是含羧基聚合物有效的交联剂，铝的水合离子发生水解，然后形成双核离子，羟桥结构的离子可参与交联反应。

一、部分水解聚丙烯酰胺

部分水解聚丙烯酰胺（PHPA 或 HPAM）的相对分子质量最好为 $(5\sim8)\times10^6$，相对分子质量太小会影响增黏效果，相对分子质量太大则不易溶解且易被剪切降解。其水解度最好在 30% 左右，水解度过大，聚合物的羧酸根基团越多，增黏效果虽好，同时也减少了吸附，但是不利于聚合物的化学稳定性；反之，若水解度过小，吸附基团增加，虽有利于聚合物的化学稳定性，但其在地层中的吸附量大增，聚合物驱效果差。其分子式为

$$\left[CH_2-CH \right]_x \left[CH_2-CH \right]_y$$
$$\quad\quad\ \ |\quad\quad\quad\quad\ \ |$$
$$\quad\quad CONH_2\quad\quad COONa$$

有研究表明，HPAM 稀溶液体系的降解率与浓度无关，仅与相对分子质量分布有关；浓溶液体系的降解率随浓度的增加而增大，与平均相对分子质量和相对分子质量分布关系不大。聚合物的降解率随着与改变分子构象有关的电解质的浓度的增加而大增，降解率随着离子性质的改变而增加（图 5-2）。

氧化作用也会引起 HPAM 的氧化降解。在含有微量氧的情况下，HPAM 在 70℃ 以上很容易发生热氧降解。为了减少氧化降解，配溶液的用水应先除氧，用除氧剂（如亚硫酸钠）可将水的含氧量降低。

另外，HPAM 在油层表面仍有吸附问题存在，这样其黏度将会逐渐减少，特别是在近井地带吸附量较大时，会使注入压力提高。减少吸附的方法有二：一是提高水解度，可用于 Ca^{2+}、Mg^{2+} 含量不高的地层水中；二是用低相对分子质量的 HPAM 作前置液，让其先行在地层表面吸附，减少后来注入的高相对分子质量增黏能力强的 HPAM 的吸附。这部分被吸附的小相对分子质量的 HPAM 称为聚合物保持剂或牺牲剂。

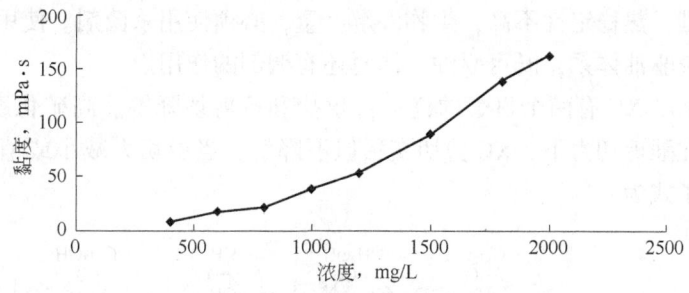

图 5-2　聚合物黏度和浓度关系

一定剪切速率下，HPAM 的黏度随着矿化度的增加和 pH 值的降低而减少。随着聚合物溶液的黏度随着矿化度的增加而降低，浓度越高，降幅越大，如图 5-3 所示。这是因为矿化度增加，会压缩其扩散双电层，从而使分子链节间的静电斥力减小，蜷曲程度增加，增黏能力下降，体系中含有二价阳离子如 Ca^{2+} 和 Mg^{2+} 时，会使 HPAM 发生沉淀。pH 值降低有利于—COO^- 向—COOH 的转化，也是减小了链节间的静电斥力而降低增黏效果。因此，现场要求配液用水的矿化度应小于 5000mg/L，最好在 250~1000mg/L，pH 值不要小于 7。

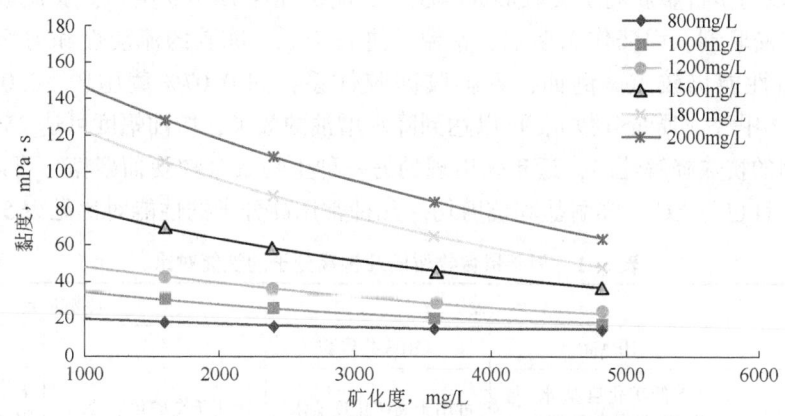

图 5-3　配制水矿化度对聚合物黏度的影响

国产聚丙烯酰胺的平均相对分子质量现在已可以提高到 $1000×10^4$ 以上，多项质量性能指标可以满足驱油要求。HPAM 上的酰胺基可与甲醛、乙二醛等有机交联剂反应形成冻胶，因此，HPAM 可以与多价金属离子（如铬离子、铝离子等）形成交联物，并已有大量应用。

为了提高 HPAM 的抗盐和耐温性能，人们对 HPAM 的改性作了很多的研究。聚丙烯酰胺类驱油剂的发展趋势是在主链上引入支链和强亲水基团，提高其抗盐和抗温能力。向聚合物上引入耐盐、耐温的磺酸基，可使聚合物的抗盐耐温性能明显提高。HPAM 的共聚单体主要有 AMPS 和 N,N-二甲基丙烯酰胺（DMAM），HPAM 与 AMPS 的共聚物可以在高矿化度盐水和 90℃下长期使用。两性聚电解质可以通过静电作用、憎水作用等改善体系的黏度，提高体系的耐温抗盐和抗剪切性能。

二、黄胞胶

黄胞胶（XC）的主要优点是增黏能力强，黏度随温度变化小，耐盐耐剪切，但是因分子结构中含有醚键，热稳定性不高，生物降解严重，必须使用杀菌剂。使用时一般选用黏度较高的黄胞胶冻胶驱油体系，既可驱油，同时还有调剖的作用。

与 HPAM 相比，XC 有两个显著的优点：耐盐和抗剪切降解。高矿化度下，XC 不会发生沉淀或絮凝；在强剪切力下，XC 剪切变稀但不降解，当剪切力减小或消失时，其黏度又恢复过来。其分子式为

XC 也可以与多价金属离子交联形成冻胶，反应机理与 HPAM 类似。黄胞胶冻胶体系可以用铬明矾作交联剂，甲醛作杀菌剂，常温下进行交联。冻胶的流动性和剪切稳定性均较好，但是耐温性能仍较差。例如，黄胞胶冻胶体系，如 0.07%黄胞胶 + 0.05%铬明矾 + 0.10%~0.15%甲醛（质量分数），可以达到降水增油的效果，增油幅度可达 25%~35%。为了提高聚合物的抗热降解性能，近年来出现的另一种生物聚合物硬葡聚糖，可以在 125℃下长期使用，而且也与 XC 一样耐盐和抗剪切。几种常用高分子的性能对比见表 5-1。

表 5-1　用于聚合物驱的几种高分子的性能对比

性能	合成高分子		生物高分子	
	HPAM	AMPS 共聚物	XC	硬葡聚糖
抗盐性	可于低矿化度盐水，与钙镁离子生成沉淀	可用于高矿化度盐水	可用于高矿化度盐水	可用于高矿化度盐水
剪切稀释性	不可逆降解	不可逆剪切变稀	可逆剪切变稀	可逆剪切变稀
热稳定性	盐水中最高使用温度 70℃	盐水中最高使用温度 90℃	盐水中最高使用温度 80℃	盐水中最高使用温度 125℃
水解	易水解		在高温下降解	在高温下降解
生物稳定性	易受酵母菌、真菌和细菌攻击		需氧生物降解	需氧生物降解
与多价金属离子交联	易交联	可交联	易交联	可交联

第二节　表面活性剂驱

表面活性剂驱是以表面活性剂作为驱油剂的一种提高原油采收率的方法。

一、表面活性剂驱基本原理

1. 表面活性剂的驱油机理

1) 低油水界面张力机理

在影响石油采收率的众多决定性因素中,驱油剂的波及效率和洗油效率是最重要的参数。提高洗油效率一般通过增加毛细管准数实现,而降低油水界面张力则是增加毛细管准数的主要途径。毛细管准数与界面张力的关系为

$$N_c = \frac{v\mu_w}{\sigma_{wo}}$$

式中,N_c 为毛细管准数;v 为驱替速度;σ_{wo} 为油和驱替液间的界面张力。

可见,N_c 越大,残余油饱和度越小,驱油效率越高。增加 μ_w,降低 σ_{wo},可提高 N_c。其中降低 σ_{wo} 是表面活性剂驱的基本依据。但是有室内试验表明,在油水界面张力最低的情况下,驱油效率并非最高,这说明油水界面张力存在最佳值,此时驱油效率最高。

2) 乳化机理

表面活性剂体系对原油具有较强的乳化能力,能迅速将岩石表面的原油分散、剥离,并形成水包油(O/W)型乳状液,从而改善油水两相的流度比,提高波及系数。而且,由于岩石表面润湿性的改变,油滴不易重新黏回到地层表面,从而被活性水夹带着流向采油井。

3) 聚结形成油带机理

随着洗出的油滴量的增加,在向前移动过程中易相互碰撞,油珠聚并成油带,促使残余油向生产井进一步驱替。注入表面活性剂期间,油珠聚结并形成油带,如图 5-4 所示。

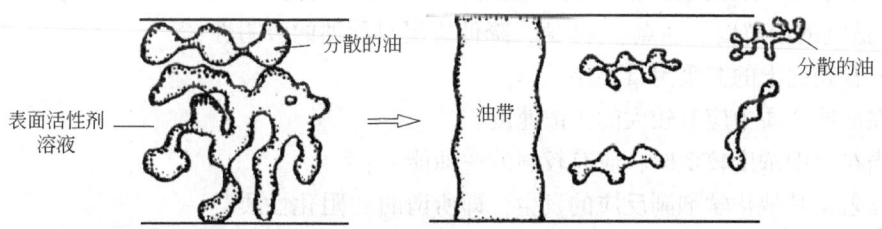

图 5-4 驱油过程中被驱替油滴的聚结形成油带

4) 润湿反转机理

驱油效率与岩石的润湿性密切相关,油湿表面的驱油效率差,水湿表面的驱油效率好。合适的表面活性剂可以使原油与岩石间的润湿接触角增加,使岩石表面由油湿性向水湿性转变,从而降低油滴在岩石表面的黏附功(图 5-5)。

图 5-5 表面活性剂使岩石表面润湿反转

5）提高表面电荷密度机理

当驱油表面活性剂为阴离子（或非离子—阴离子型）表面活性剂时，它们吸附在油滴和岩石表面上，可提高表面的电荷密度，增加油滴与岩石表面间的静电斥力，使油滴易被驱替液带走，提高洗油效率。

6）改变原油的流变性机理

对于蜡含量和沥青质含量较多的原油而言，原油中胶质、沥青质和石蜡类高分子化合物易形成空间网状结构，在原油流动时这种结构部分破坏，破坏程度与流动速度有关。当原油静止时，恢复网状结构。重新流动时，黏度就很大。原油的这种非牛顿性质直接影响了洗油效率和波及系数，使原油的采收率降低。用表面活性剂水溶液驱油时，部分表面活性剂溶入油中，吸附在沥青质点上，减弱了沥青质点间的相互作用，削弱原油中的网状结构，从而降低原油的极限动剪切应力，改善了原油的流变性，因而可以提高采收率。

2. 表面活性剂驱的驱油特征

表面活性剂稀溶液体系注入储层后，由于降低了油水界面张力，改变了油的乳化特性，同时也改变了地层岩石表面的润湿性，使油与水形成较稳定的水包油乳状液，还可减小油对地层表面的黏附功，乳化油在向前移动中不易重新黏附回岩石表面，阴离子型表面活性剂也增加了油珠和地层岩石表面的静电斥力，使油珠易被驱替介质带走，提高了洗油效率。洗下来的油前移时可发生相互碰撞并形成油带，油带向前移动时又不断将遇到的分散油聚并，使油带不断扩大，最后从油井采出。因此，表面活性剂驱油是通过改变原油的乳化性能，降低油水界面张力，降低残余油饱和度，提高洗油效率，来提高采收率。

3. 化学驱用表面活性剂应具备的条件

① 在油水界面上的表面活性高，使油—水界面张力降至 $(0.01\sim 0.001)\times 10^{-5}$ N/m 以下，具有适宜的溶解度、浊点、pH 值，降低岩层对原油的吸附性；

② 岩石表面上的被吸附量要小；

③ 在地层介质中应有较大的扩散速度；

④ 当在水中浓度较低时，应有较强的驱油能力；

⑤ 能阻止其他化学剂副反应的发生，即所谓的"阻化性质"；

⑥ 注水用表面活性剂应考虑它与地层矿物组分、地层水注入水成分、地层温度以及油藏的枯竭程度等相互关系；

⑦ 具有抗地层高温、高盐浓度的能力；

⑧ 具有较高的经济价值，投入产出比具备优势。

4. 常用表面活性剂

1）非离子表面活性剂

常用的有平平加型和 OP 型等。它们的临界胶束浓度较低，抗盐能力强。但是由于浊点低，因而不能用于超过其浊点的地层。通过改性，可提高浊点，使之适用于高盐高温地层。其分子式为

R—O$\pmb{\left(}$CH$_2$CH$_2$O$\pmb{\right)_n}$H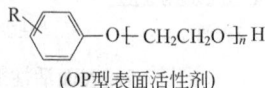

（平平加型表面活性剂）　　　　　（OP 型表面活性剂）

2) 阴离子表面活性剂

油田实际应用中多使用石油磺酸盐。因为石油磺酸盐的表面活性强，可使油水界面张力降到超低界面张力（ultralow interfacial tension，低于 10^{-2} mN/m 的界面张力）的程度，配伍性和稳定性好，而且来源广，生产工艺简单，成本低。此外还有烷基苯磺酸盐和环烷酸磺酸盐。来源较广的木质素磺酸盐可以作为驱油体系的牺牲剂（sacrificial agent，以自身损耗来减少其他化学剂损耗的廉价化学剂），减少主表面活性剂在地层中的吸附损失。其分子式为

$$R—SO_3M \qquad RAr—SO_3M \qquad R-C_6H_4—SO_3M$$
（烷基磺酸盐）　　　（石油磺酸盐）　　　（烷基苯磺酸盐）

$$R(Ar)—COOM \qquad R—COOH$$
（石油羧酸盐）　　　（脂肪酸盐）

3) 其他表面活性剂和药剂

阳离子表面活性剂易吸附于地层岩石矿物表面，而且降低油水界面张力的能力差，不适用表面活性剂驱。但在一定条件下，可使用两性表面活性剂，如季铵两性表面活性剂、季铵磺酸盐等。

常用的其他化学剂还有水溶性高分子表面活性剂和低分子脂肪醇等。使用水溶性的石油磺酸盐驱油与少量助表面活性剂（如长链醇）复配使用可提高洗油效率。生物表面活性剂可以替代部分表面活性剂。

根据表面活性溶液浓度的不同，可将表面活性体系分为活性水驱、胶束溶液驱、微乳驱、溶性油驱和泡沫驱等几类。

二、表面活性剂驱的分类

1. 活性水驱

活性水驱是表面活性剂浓度小于临界胶束浓度的表面活性剂驱，是在油层中注入表面活性剂水溶液的采油方法。活性水驱中常用的活性剂为非离子表面活性剂或耐盐性较好的磺酸盐型和硫酸酯盐型阴离子表面活性剂。使用浓度较小，一般在 0.01%～0.1%（质量分数）的范围。

2. 胶束溶液驱

胶束溶液驱通常指乳状液驱（emulsion flooding），也指以浓度大于临界胶束浓度，但小于 2%（质量分数）的表面活性剂溶液作驱油剂的驱油法。当胶束驱在驱油过程中，表面活性剂由于吸附等原因而浓度减小后，渐变为乳状液驱，即以乳状液作驱油剂的驱油法。

3. 微乳驱

微乳驱（microemulsion flooding）是以微乳作驱油剂的驱油法，即表面活性剂含量大于 2%，水含量大于 10% 的表面活性剂驱。

微乳（状液）（microemulsion）通常是由油、水、表面活性剂、助表面活性剂和电解质等组成的透明或半透明的稳定体系。因此，配微乳需三个主要成分（油、水和表面活性剂）和两个辅助成分（助表面活性剂和电解质）。常用石油磺酸盐的钠盐和铵盐作表面活性剂。助表面活性剂（cosurfactant）是能改变表面活性剂的亲水亲油平衡，影响体系的相态和相性

质的微乳成分。助表面活性剂多用醇类，除可以调整水和油的极性外，还参与形成胶束，增加胶束的空间，增加胶束对油或水的增溶能力。电解质常用无机盐，如氯化钠、氯化钾、氯化铵和硫酸铵等。电解质通过减少表面活性剂和助表面活性剂极性部分的溶剂化层，使胶束在更低的表面活性剂浓度下形成，使微乳与油或水的界面产生低或超低界面张力。

微乳又分为上相、中相和下相三种：上相微乳（upper phase microemulsion）是指与过量盐水处于平衡状态的微乳；中相微乳（middle phase microemulsion）是指与过量盐水和油处于平衡状态的微乳；下相微乳（lower phase microemulsion）是指与过量油处于平衡状态的微乳。在配制微乳时存在一个最佳含盐量（optimal salinity），即产生最佳驱油效果时驱油剂的含盐量。

微乳驱的驱油机理比较复杂，与活性水驱有所不同，因为被驱替的水和油进入微乳液中使微乳状液产生了相应的相态变化。例如，若驱油剂为水外相微乳，当微乳与油层接触时，其外相的水与水混溶，而其胶束可增溶油，即也可与油混溶。因此水外相微乳与油层刚接触时是混相驱油，微乳与水和油都没有界面，也就没有界面张力的存在，所以其波及系数很高；与油完全混溶，所以洗油效率也很高。当油在微乳的胶束中增溶达到饱和时，微乳液与被驱替液间产生界面，转变为非混相微乳驱，此时驱油机理与活性水驱相同，但因其活性剂浓度仍较高，所以驱油效果好于活性水驱。当进入胶束中的被驱替油进一步增加时，原来的胶束转化为油珠，水外相的微乳状液转变为水包油型乳状液。其驱油机理同泡沫驱，其转化过程如图 5-9 所示。

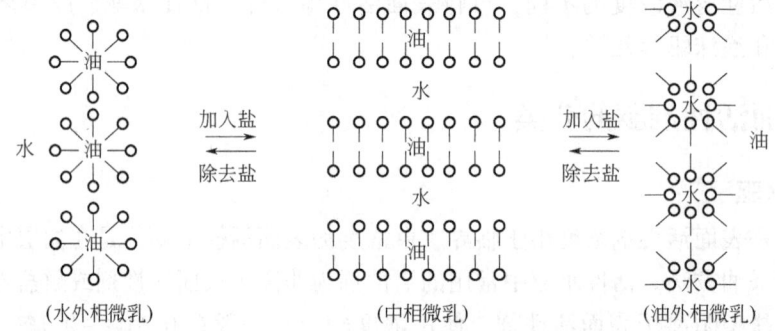

（水外相微乳）　　　　（中相微乳）　　　　（油外相微乳）

4. 溶性油驱

溶性油驱是表面活性剂含量大于 2%、水含量小于 10% 的表面活性剂驱。

表面活性剂驱常用聚合物控制其流度，所以也常叫表面活性剂—聚合物驱或表面活性剂/聚合物驱。若再配合碱一起使用，则形成大庆油田著名的 ASP 三元复合驱（ASP 表示碱—表面活性剂—聚合物）。

5. 泡沫驱

泡沫驱（foam flooding）是以泡沫作驱油剂的一种提高原油采收率的方法，主要成分是水、气和起泡剂。交替向油层注入起泡剂溶液和气体，也可将这两者分别从油管和套管同时注入地层。

气体可以用氮气、二氧化碳、天然气、炼厂气或烟道气等。起泡剂主要是表面活性剂，常用的有烷基磺酸钠、烷基苯磺酸钠、平平加型及 OP 型表面活性剂等。起泡剂还可加入一些高分子，如 HPAM、Na—CMC 等，以提高泡沫的黏度，从而提高泡沫的稳定性。

泡沫驱提高原油采收率的原因主要有：

① 气阻效应的叠加提高了波及系数；泡沫的黏度大于水，降低了水油流度比，提高了波及系数；起泡剂是活性剂，也起到活性水驱的作用。

② 用表面活性剂配成的驱油剂是一类重要的驱油剂。表面活性剂通过降低油水界面张力、乳化作用、润湿反转作用、增加岩石表面电荷密度等机理提高原油采收率。

③ 将表面活性剂配成活性水、胶束溶液、微乳状液等类型的驱油剂使用。所用表面活性剂主要为阴离子型表面活性剂，多为石油磺酸盐和石油羧酸盐，前者是将芳香烃含量高的石油或石油馏分磺化、中和制得，后者是将石油或石油馏分氧化、中和制得。此外，还可以用非离子型表面活性剂，如聚氧乙烯基苯酚醚（如 OP-10，OP-15）、山梨糖醇单油酸酯聚氧乙烯醚（如 Tween 80）。

第三节　碱驱

碱驱是以碱剂（alkaline flooding）的水溶液作驱油剂的提高油采收率方法。常用的碱有 NaOH 和 Na_2CO_3 等。碱与原油中天然存在的酸性成分（如环烷酸等）生成羧酸盐，使其转化为表面活性剂。因此碱驱要求原油有足够高的酸值（1g 原油被中和到 pH 值产生突跃时所需 KOH 的毫克数）。原油的酸值小于 0.2mgKOH/g 时，油层不宜用碱驱。碱驱的机理有多种。

一、低界面张力机理

低的碱浓度和最佳盐浓度下，碱与原油中酸性成分反应生成的表面活性剂，可使油水界面张力降低，使碱驱产生与表面活性驱同样的效果。原油酸与碱的反应过程如下：

脂肪酸　R—COOH + NaOH ⟶ R—COONa + H_2O

环烷酸　$\text{环}-(CH_2)_n\text{COOH}$ + NaOH ⟶ $\text{环}-(CH_2)_n\text{COONa}$ + H_2O

胶质　胶质—COOH + NaOH ⟶ 胶质—COONa + H_2O

沥青质　沥青质—COOH + NaOH ⟶ 沥青质—COONa + H_2O

二、乳化—携带机理

低的碱浓度和合适的盐浓度下，碱与原油中的酸性成分反应生成的表面活性剂，将油乳化成小油珠，碱水将这些小油珠携带着通过地层。

三、乳化—捕集机理

低的碱浓度和低的盐浓度下，由于低界面张力使油乳化在碱水中，但油珠半径较大，因此在进入适当孔径的毛细管道时被捕集,增加了水的流动阻力,降低了水的流度,从而改善了流度比,增加了波及系数,提高了采收率。

四、油润湿反转为水润湿机理

高的碱浓度和低的盐浓度下,碱与吸附在岩石表面的原油的酸性物质反应,生成溶解度较大的羧酸盐,使岩石表面恢复为亲水性,岩石表面由油湿反转为水湿,提高了洗油效率,从而提高了采收率。

五、水润湿反转为油润湿机理

高的碱浓度和高的盐浓度下,碱与原油中的酸性物质反应生成的羧酸盐亲油,吸附到岩石表面后,使岩石表面由水润湿反转为油润湿。油在亲油的地层表面形成连续的油相,形成油包水型乳状液。乳状液中的水珠堵塞油流孔道,使注入压力提高。高注入压力迫使连续相的油从乳化水珠与岩石表面之间的通道中挤出去,留下高水含量的乳状液,从而提高采收率,如图5-6所示。

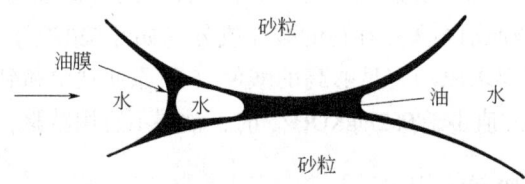

图 5-6 水润湿反转为油润湿提高采收率机理

碱驱的缺点是碱驱过程中碱与地层矿物和地层流体反应所引起的损耗大,即碱耗(alkaline consumption)。

第四节 复合驱

复合驱是以聚合物、碱、表面活性剂、水蒸气等两种或两种以上物质的复合体系作驱油剂的驱油法。由于碱驱虽可降低油水的界面张力,但是其黏度未增加,因此只提高了洗油效率,波及系数提高很少,原油采收率提高有限。所以通常用碱复合驱。

一、碱/聚合物复合驱

在碱水驱的基础上用聚合物控制水的流度,提高驱油剂的波及系数从而提高采收率。其注入方法有两种:一种是分别注入碱水、聚合物溶液段塞,然后再用清水驱替;另一种是将聚合物与碱混合配制,同时注入地层。碱的浓度要适当,过高不利于界面张力的降低,也会使聚合物溶液黏度降低,驱油效率下降。聚合物的浓度也要适宜,因为高的聚合物浓度固然会增加溶液黏度,但是却减慢了溶液中碱与原油反应生成的活性剂的扩散速度,因而界面张力上升。

二、碱/表面活性剂/聚合物（ASP）三元复合驱

三元复合驱强化采油技术产生于20世纪80年代，利用了多种驱替剂的协同效应，是在二元复合体系的基础上发展起来的。目前，常用的驱油剂有碱剂（A）、表面活性剂（S）和聚合物（P）三种。三者复合作用就是碱/表面活性剂/聚合物三元复合驱（ASP），同时向地层注入碱、表面活性剂和聚合物三种化学剂。注入方式有三种：一是混合配制后注入碱/表面活性剂/聚合物段塞；二是先注入碱/表面活性剂段塞，再注聚合物段塞；三是先注入表面活性剂段塞，再注入碱/聚合物段塞。它们的驱油机理相同，都是用碱性化学物质作牺牲剂，用来降低含盐溶液中的硬离子含量，减少表面活性剂在地层的吸附和滞留，为表面活性剂段塞提供最佳含盐度；利用碱及适当浓度氯化钠的表面活性剂稀溶液段塞，提供最小的界面张力；用聚合物进行流度控制，提高波及系数，从而协同提高原油采收率。

1. 三元复合驱油机理

三元复合驱替剂体系中各种驱替剂在储层中的行为和作用决定了其驱油机理。

1）碱剂在三元复合驱中的作用

（1）降低油水界面张力

决定单位油层体积中潜在产量的能力可用毛管数（N_{ca}）来描述。毛管数越大则采收率越高，一般毛管数需在$10^{-3} \sim 10^{-2}$左右。对于正常水驱而言，毛管数仅为$10^{-6} \sim 10^{-5}$，要把毛管数增大到$10^{-3} \sim 10^{-2}$，单靠增加压力降是不行的，必须降低界面张力。碱和表面活性剂都可显著降低油水界面张力。界面张力降低后主要以两种方式来提高原油采收率：一种是乳化和挟带，油和水间的界面被破坏，形成水包油乳状液，油随着流动的水被带出地层；第二种是捕集，油滴聚结成大油滴，再形成可流动的连续油带，提高油的流度，降低水的流度，从而达到提高原油采收率的目的。

研究表明，对于每种原油，都存在一个很窄的特定的碱浓度范围，只有在这个范围才能显著降低油水界面张力。二价金属离子、温度、碱液中的NaCl含量、稳定时间等因素会影响到油水界面张力。例如二价金属离子将提高最低油水界面张力值，而NaCl可降低油水界面张力。温度升高可使碱液与原油相互作用的速度加快，反应生成的表面活性剂在体相中的溶解度增加，而在界面中的分布减少，因而使油水界面张力值变大，但使油水界面张力达到动态平衡所需的时间大大缩短。

（2）溶解油水界面膜

水和油滴界面处往往存在坚硬的薄膜，沥青质、胶质和石蜡等都可以使油水界面膜变硬。该界面膜使油滴相互距离缩小，限制了原油在孔喉中的连续流动。碱水溶液可溶解这些薄膜，促使油珠聚结，提高油的流动性和产出量。

（3）使储层岩石发生润湿反转

储层岩石的润湿性决定了其内部残余油的分布特点。在亲水的储层中，水以束缚水薄膜的形式分布于岩石表面，油滞留于大孔隙的中央；在亲油的储层中，原油沿岩石表面呈薄膜状分布，这部分原油基本上由于受到束缚而不可动。碱可与边界层中的表面活性组分发生反应，生成可溶性的表面活性物质，并吸附到亲油的岩石表面，改变岩石的表面特性，使其发生润湿反转，即由表面亲油转化为表面亲水。

（4）提高驱油剂的波及系数

碱剂注入储层中会与地层水中的二价离子（Ca^{2+}、Mg^{2+}）发生反应生成沉淀，并且会与硅质矿物长期作用形成胶体或絮凝状物质，随着驱替液的流动，在小孔喉处停下并堵塞喉道。这种现象虽然降低了储层渗透率，但改变了驱油剂的流动路径，提高了驱油液的波及系数，从而提高采收率。

2）表面活性剂在三元复合驱中的作用

表面活性剂溶液注入地层后，极性的亲水基团在体相中和水分子结合，在固—液界面与极性岩石表面结合；非极性的亲油基团则与非极性的原油相结合。当极性基团与岩石表面结合时会破坏原油边界层，使边界层中束缚的原油脱出，成为可流动的原油；水分子或亲水基团占据岩石表面，使岩石表面由油湿反转为水湿，同时也引起油水界面张力释低，使原油采收率得以提高。常用的有阴离子型表面活性剂（如石油磺酸盐）和非离子表面活性剂（如OP-10等）。

3）聚合物在三元复合驱中的作用

聚合物分子可以将水溶液的黏度增大2~5个数量级，降低驱替液的流度，减小水油流度比，显著提高驱替液的波及系数。但它易在多孔介质中发生吸附、滞留及捕集，而且压差较大时会发生剪切降解，使聚合物黏度减小。目前常用的聚合物一般为HPAM。

将这三类物质配合使用，可以充分利用它们间的协同效应，即碱剂价格低廉，会和原油中的酸性组分反应生成表面活性剂，减少人工表面活性剂的损失，协助表面活性剂使油水界面张力达到超低值；表面活性剂降低油水界面张力，改变岩石润湿性，破坏原油边界层，提高洗油效率，但成本高，而且容易发生吸附和滞留等现象；聚合物可显著降低驱替液的流度，提高波及系数。这三者的协同作用，不仅使驱替液的成本降低，而且从波及系数和洗油效率两方面提高了原油的采收率。

2. 影响ASP驱油的主要因素

影响因素主要是驱油剂的浓度和岩石表面的性质。碱浓度对界面张力有明显影响，碱浓度增加，油水界面张力降低；但是，当碱浓度增大到一定值后，随着碱浓度的增加，油水界面张力不降反升。而且产生超低界面张力是在一定的矿化度和pH值范围。碱的加入有利于聚合物的溶解，使三元复合液的黏度增加，但溶液中钠离子浓度增加过大时，会压缩HPAM的扩散双电层，使其黏度随着碱溶液浓度的增加而降低，即发生了絮凝。表面活性剂是降低油水界面张力的主要因素，表面活性剂的类型及浓度对形成超低界面张力的最佳含盐量有很大影响。因此，ASP体系中的表面活性浓度必须与最佳含盐量对应。ASP主要用于砂岩油藏。碳酸盐岩地层含有大量可消耗碱剂的硬石膏或石膏。碱性物质也会与黏土等矿物质起化学反应，黏土含量高时还会增加表面活性剂的吸附，驱油效率下降。另外，ASP驱的驱油效果还与原油的化学组成、地层水的矿化度及PH值等因素有关。

3. 色谱分离效应

ASP驱的优点就是三组分之间协同作用的存在。但是，吸附损失可以破坏这种协同作用，"色谱分离"也可破坏协同作用。由于复合体系中的各种组分与岩石间的作用不同，诸如竞争吸附、离子交换、分配系数、分散作用、渗透能力等的差异，使得三组分间产生差速运移，这种现象叫做驱油体系的色谱分离。牺牲剂在地层的吸附可以减缓色谱分离效应。如图5-7所示，三元复合驱体系在填砂管中的色谱分离曲线反映了三种组分的质量浓度随着注入的孔隙体系倍数的变化情况。

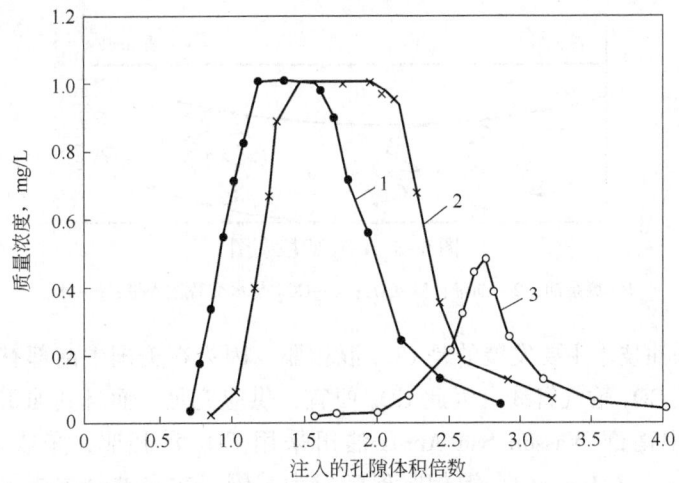

图 5-7　三元复合驱体系在填砂管中的色谱分离现象
1—HPAM；2—NaOH；3—石油磺酸盐

ASP 三元复合驱虽然可显著提高原油采收率，但是它也存在一些问题。例如，如何优化驱替剂的配方，使三种驱替剂达到最佳的协同效应，以及对采出来的原油进行破乳、脱水并脱去其中的化学剂。我国于 1992 年和 1993 年分别在胜利油田和大庆油田进行了三元复合驱的矿场试验，存在的主要问题是采出水不易找到合适的破乳剂，且破乳剂的用量很大，电脱水困难，而且脱出的水质不易达到排放和回注标准。

第五节　混相驱

混相驱是以混相注入剂或混溶剂（miscible agent），在一定条件下能与原油混相的物质作驱油剂的提高原油采收率的方法。早在 1890 年就有向地层回注天然气提高油藏采收率的方法。混相注入剂有：贫气，$C_2 \sim C_6$ 的烃气体积分数小于 30% 的气体；干气，甲烷体积分数大于 98% 的气体；富气（湿气），$C_2 \sim C_6$ 的含量为 30%~50% 的气体；液化石油气，$C_2 \sim C_6$ 的烃气体积分数大于 50% 的气体；还有二氧化碳及氮气等。

混相驱中应用最广的是二氧化碳驱。在一定条件下，与原油多次接触后，溶于原油，使原油体积膨胀、黏度降低，达到混相，从而改变油流特性。CO_2 驱段塞如图 5-8 所示，其混相能力高于甲烷。高压下，CO_2 的密度远高于天然气的密度，有利减缓驱替过程中的重力舌进现象。同时，CO_2 在水中是弱酸，对岩石有酸化作用，改变岩石的渗透性。而且 CO_2 价格低廉，比天然气有优越性，因此它是一种多用途的注入气体。CO_2 混相驱对开采多盐丘油藏、水驱效果差的低渗透油藏、接近开采经济极限的深层轻质油藏，以及水驱完全枯竭的砂岩油藏中的残余油等有重要意义。CO_2 非混相驱可以用来恢复枯竭油藏的压力，开采高倾角、垂向渗透率高的油藏，改善重油流度以及开采高黏原油等。

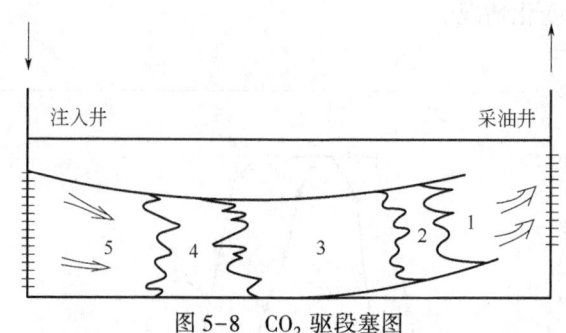

图 5-8 CO₂ 驱段塞图

1—剩余油；2—油带；3—CO₂；4—CO₂ 与水交替注入带；5—水

美国的三次采油技术主要发展的是 CO_2 混相驱，因为在美国中南部有多个巨型或大型 CO_2 气田，已建成 CO_2 输气管线。因此 CO_2 便宜、供应充足，而且其油田具备较低混相压力条件。如美国中南部 Wasson San Anros 油田采用 CO_2 混相驱，采收率比水驱提高了 12.2%，总采收率达 53.1%。CO_2 混相驱现已成为美国三次采油最主要的方法。国外采用 CO_2 混相驱的国家除美国外，还有俄罗斯、匈牙利、加拿大、法国和德国等。

我国 CO_2 和天然气探明资源不足，而且大多数油藏的混相压力高，不具备混相驱条件。因此，我国三次采油主要发展的是化学驱。

习 题

1. 简述原油采收率、一次采油、二次采油和三次采油的定义。
2. 常见的提高原油采收率（EOR）方法有哪些？
3. 什么是聚合物驱、表面活性剂驱、碱驱和复合驱？
4. 通常用于提高采收率的聚合物、表面活性剂、碱有哪些？
5. 聚合物驱、表面活性剂驱、碱驱提高采收率的机理是什么？
6. 可用于提高采收率的表面活性剂应具备哪些条件？
7. 什么是活性水驱、胶束溶液驱、微乳驱、泡沫驱？
8. 什么是 ASP 三元复合驱复合驱？其驱油机理是什么？
9. 影响 ASP 三元复合驱的主要因素有哪些？
10. 什么是色谱分离效应？
11. 混相驱提高采收率的机理是什么？

附录 油田化学实验

一、实验目的

通过油田化学实验的学习和实际操作，学生们可以更好地理解石油工程中出现的化学问题以及相应的解决方案。在介绍实验之前，提醒学生注意相应的学习和实验事项，特别提醒学生要注意QHSE（质量、健康、安全与环境管理）。针对本书主要介绍的石油工程钻井化学、采油化学及提高原油采收率等领域，选择了五个基础实验作为附录。学生经过动手实验，处理数据，可以加深对专业课的理论认识和提高对专业理论知识的学习兴趣，从而提高发现问题、分析问题以及解决问题的能力，训练学生独立实践的能力，培养学生实事求是的科学态度和严谨的科学作风。

二、学习方法

1. 预习

1）一般实验的预习

首先要明确实验任务。在预习实验时，要理解待做实验的实验原理，了解实验仪器，理解实验误差。

2）设计实验的预习

除了做好一般实验项目的预习工作以外，还要学会通过查阅有关文献资料来阐述实验原理，选择出合适的实验方案。要学会根据要求来确定需要使用的实验仪器、采用的测量方法以及合适的实验条件。确定实验方法时，还要考虑后期需要使用的数据处理方法。

3）准备实验记录

实验开始前，准备好实验记录本。将实验名称、原理、操作方法和实验步骤等简明扼要地写在实验记录本上。

2. 记录实验数据及实验现象

实验记录数据是科学实验工作的原始资料，应认真记录，严禁涂改、擦抹。写错之处可以划去重写，培养认真记录实验的习惯。

1）记录内容

记录内容包括试剂（名称、规格及用量）、实验方法和具体条件（温度、时间、仪器名称及型号等）、操作关键及注意事项、实验现象（正常现象和异常现象）、实验数据和实验结果等。

2) 记录形式

可根据实验内容和要求，在预习时事先设计好表格或流程图，实验中边观察边填写，应做到条理分明、整洁清楚，便于整理总结。

实验过程中如果发生错误，或者对实验结果有怀疑，应如实说明。必要时应重做实验，培养严谨的科学作风。

3. 实验数据的读取及有效数字运算规则

1) 直接测量数据的读取

以刻度标记的仪器，要估读到最小刻度下一位；以数字显示的仪器，只读到末位。

2) 间接结果的计算

根据直接测得的数据，求取平均值，注意有效数字的位数。或者，根据具体要求，根据公式逐步计算。

4. 实验数据误差

在实验过程中，由于测量仪器和人为操作的主客观因素的影响，实验数据一般会存在一定的误差。在整理实验数据时，首先需要对实验数据的可靠性进行客观分析，即误差分析。目的是通过误差分析，认清误差的来源及其影响，以便设法消除或减小误差，从而提高实验的精确程度。

1) 平均值

真值是指某物理量客观存在的确定值。由于测量仪器、测定方法、实验环境以及人工测量等不同因素的影响，真值一般是无法测得的，只是一个理想值。科学实验中真值的定义是：设在测量中观察的次数为无限多，则根据误差分布定律正负误差出现的概率相等，故将各观察值相加，加以平均，在无系统误差情况下，可能获得极近于真值的数值。真值在现实中是指观察次数无限多时，所求得的平均值（或称"公认值"）。对于观测次数有限的工程实验而言，由平均值确定出"最佳值"，只可能是近似真值。

平均值可以通过多种方法计算得到，除了常用的算术平均值外，还有均方根平均值、加权平均值、几何平均值和对数平均值。目的只有一个，即从一组测定值中找出最接近真值的那个值。平均值的选择主要决定于一组观测值的分布类型，在化工原理实验研究中，数据分布较多属于正态分布，故油田化学实验中通常采用算术平均值。

最小二乘法原理认为，如果测量的数据服从正态分布，在一组等精度的测量中，算术平均值为最佳值或最可信赖值，其公式为

$$\bar{x} = \frac{x_1 + x_2 + \cdots + x_n}{n} = \frac{\sum_{i=1}^{n} x_i}{n}$$

式中，$x_1, x_2, \cdots, x_n$ 为各次观测值；n 为观察的次数。

2) 误差的定义及分类

在任何一种测量中，无论所用仪器多么精密，方法多么完善，实验者多么细心，不同时间所测得的结果不一定完全相同，而有一定的误差和偏差，严格来讲，误差是指实验测量值（包括直接和间接测量值）与真值（客观存在的准确值）之差，偏差是指实验测量值与平均

值之差，但习惯上通常将两者混淆而不加以区别。

根据误差的性质及其产生的原因，可将误差分为系统误差、偶然误差和过失误差三种。

系统误差又称恒定误差，是由某些固定不变的因素引起的。在相同条件下进行多次测量，其误差数值的大小和正负保持恒定，或随条件改变按一定的规律变化。

产生系统误差的原因有：仪器刻度不准，砝码未经校正等；试剂不纯，质量不符合要求；周围环境的改变，如外界温度、压力、湿度的变化等；个人的习惯与偏向如读取数据常偏高或偏低，记录某一信号的时间总是滞后，判定滴定终点的颜色程度各人不同等等因素所引起的误差。可以用准确度一词来表征系统误差的大小，系统误差越小，准确度越高，反之亦然。一般系统误差是有规律的。其产生的原因也往往是可知或找出原因后可以清除掉。至于不能消除的系统误差，应设法确定或估计出来。

偶然误差又称随机误差，由某些不易控制的因素造成。在相同条件下作多次测量，其误差的大小、正负方向不一定，其产生原因一般不详，因而也就无法控制，主要表现在测量结果的分散性，但完全服从统计规律，研究随机误差可以采用概率统计的方法。在误差理论中，常用精密度一词来表征偶然误差的大小。偶然误差越大，精密度越低，反之亦然。

在测量中，如果已经消除引起系统误差的一切因素，而所测数据仍在末一位或末二位数字上有差别，则为偶然误差。偶然误差的存在，主要是只注意认识影响较大的一些因素，而往往忽略其他还有一些小的影响因素，不是尚未发现，就是无法控制，而这些影响，正是造成偶然误差的原因。

过失误差又称粗大误差，是与实际明显不符的误差，主要由于实验人员粗心大意所致，如读错、测错、记错等都会导致过失误差。含有粗大误差的测量值称为坏值，应在整理数据时依据常用的准则加以剔除。

综上所述，系统误差和过失误差是可以设法避免的，偶然误差是不可避免的，因此最好的实验结果应该只含有偶然误差。

5. 实验数据的处理

化学数据的处理方法主要有列表法和作图法。

1）列表法

这是表达实验数据最常用的方法之一。将各种实验数据列入一种设计得体、形式紧凑的表格内，可起到化繁为简的作用，有利于对获得实验结果进行相互比较，有利于分析和阐明某些实验结果的规律性。设计数据表总的原则是简单明了。

2）作图法

将实验原始数据通过正确的作图方法给出合适的曲线或直线，直观而且准确地表现出实验数据的特点、相互关系和变化规律，如极大、极小和转折点等。如果要进一步分析，可以获得斜率、截距、外推值、内插值等。

三、实验室 QHSE 管理制度

1997 年 2 月，我国颁发了石油工业行业标准 SY/T 6276—1997《石油天然气工业职业安全卫生管理体系》及相关标准。此后，又建立和实施了 HSE 管理体系，并颁布了相应的 HSE 管理手册等。依据现有的国家标准和要求，油田化学实验应备实验室应急事故处置的以下预案。

1. 实验室冷凝管或集水管破裂应急处置

1) 事故现象与危害

事故现象：管壁破裂、装置有水喷出、冷凝管或接收器液位快速下降。

危害描述：设备短路或有火花，严重时会导致火灾和人员触电。

注意事项：处置过程必须穿戴防护装备。

2) 处置程序

（1）紧急断电，汇报事故；

（2）若冷凝管破裂，使用止水夹或弯折胶管的方式，避免冷却水从循环器中水继续流出，将冷凝管内剩余水导出；

（3）若接收器破裂，使用烧杯将接收器中的水接出；

（4）待烧瓶温度下降到室温后，拆下设备，更换相应部件；

（5）待加热套内完全干燥后再使用此台加热套设备。

2. 实验室电起火应急处置

1) 事故现象与危害

事故现象：化验室内带电设备有火光浓烟。

危害描述：易造成火灾、爆炸。

注意事项：先侧身断电后灭火，迅速转移易燃易爆物品，灭火人员必须穿戴隔热服。

2) 处置程序

（1）紧急断电，汇报事故；

（2）火势较小的带电设备着火，先切断电源，再用干粉灭火器灭火；

（3）火势较大控制不住时，召集人员撤离至安全区域，报火警，派人到路口引领消防车到现场灭火；

（4）如有受伤人员，对伤员实行有效救护，并拨打120急救电话；

（5）关闭处置程序，做好相关记录。

3. 实验室油类起火应急处置

1) 事故现象与危害

事故现象：可燃气体报警器报警，实验室内充满油、气，有火光浓烟。

危害描述：易造成火灾、爆炸。

注意事项：迅速转移易燃易爆物品，灭火人员必须穿戴隔热服。

2) 处置程序

（1）紧急断电，汇报队值班干部；

（2）桌面、地面等少量汽油着火且初期火势较小时，使用湿布压住火苗，迅速转移周围易燃易爆物品，若火势仍未灭，立即用灭火器灭火；

（3）火势较大控制不住时，人员迅速撤离至安全区域，报火警，派人到路口引领消防车到现场灭火；

（4）如有受伤人员，对受伤人员实行有效救护，并拨打120急救电话；

（5）关闭处置程序，做好相关记录。

4. 实验室药品灼伤应急处置

1) 事故现象与危害

事故现象：盛装药品的包装破损、配药时操作不当发生飞溅。

危害描述：皮肤发红、灼痛严重并有水疱、水肿、局部剧痛。

注意事项：必须穿戴防护用品，发生酸碱灼伤救助时应戴耐酸碱橡胶手套。

2) 处置程序

（1）少量、低浓度腐蚀性药剂引起的烧烫伤，立即擦去伤处的药剂并用大量清水冲洗；

（2）大量、高浓度腐蚀性药剂引起的烧烫伤，将受伤部位先用干净棉布擦干，再用大量清水清洗，若溅入眼中，立即提起眼睑，用清水或生理盐水冲洗至少 15min；

（3）若灼伤严重，拨打 120 急救电话；

（4）关闭处置程序，做好相关记录。

5. 实验室人员触电应急处置

1) 事故现象与危害

事故现象：有轻微麻木感、接触部位有烧伤、倒地、晕厥不醒。

危害描述：导致触电人员身体器官受损，严重时发生触电伤亡。

注意事项：必须穿戴防护用品，切断电源时应侧身操作。

2) 处置程序

（1）紧急断电，汇报事故；

（2）无法切断电源时，立即用绝缘体将触电者和电源分离；

（3）将受伤员工转移到安全地带，判断触电人员意识，检查呼吸和颈动脉脉搏。若无意识则实行有效救护，情况严重时拨打 120 急救电话；

（4）事故处理完毕，恢复正常实验；

（5）关闭处置程序，做好相关记录。

6. 实验室化学品泄漏应急处置

1) 事故现象与危害

事故现象：地面有不明固体洒落或液体流出，空气中有不明气味产生。

危害描述：污染环境、火灾、爆炸、人员中毒或死亡。

注意事项：处置过程必须穿戴防护装备。

2) 处置程序

（1）设置隔离区，汇报值班干部；

（2）若固体药品洒落，将其清扫收集回收，作为废弃化学品处理；

（3）若酸类化学品、氨水、易燃液体等液体泄漏，开窗通风，用消防沙吸收后用清水冲洗，作为废液处理；

（4）若气体泄漏，确保安全情况下立即开窗通风，关闭气阀门；

（5）若人员受伤或发生火灾，采取人员急救和灭火措施；

（6）关闭处置程序，做好相关记录。

7. 实验室人员中毒应急处置

1) 事故现象与危害

事故现象：有人员倒地、呼吸困难、肠胃不适、空气中有异常气味。

危害描述：中毒人员身体器官受损或死亡。
注意事项：处置过程必须穿戴防护装备，特别是防毒面具。
2）处置程序
（1）设置隔离区，汇报值班干部；
（2）救护人员戴好防毒面具，开窗通风防止事态进一步扩大；
（3）立即将患者转移至安全、通风区域，使其呼吸新鲜空气，拨打120急救电话；
（4）事态得到控制后清理现场，取消隔离区域设置，恢复正常生产；
（5）关闭处置程序，做好相关记录。

8. 实验室气体钢瓶泄露应急处置

1）事故现象与危害
事故现象：钢瓶或输气管线出现气体泄漏声，可燃气体报警器报警。
危害描述：易造成火灾、爆炸、人员中毒。
注意事项：立即判断泄漏气体的类型，若可燃或助燃，迅速熄灭附近火源、切断电源。
2）处置程序
（1）判断气体是否有毒、可燃或助燃，汇报值班干部，开窗通风；
（2）若无毒不可燃，依次关闭主压力阀、分压力阀；
（3）若有毒，组织人员撤离现场，佩戴好防毒面具，依次关闭主压力阀、分压力阀；
（4）若可燃或助燃，迅速熄灭附近火源切断电源，依次关闭主压力阀、分压力阀；
（5）若泄漏持续，拨打火警或报警电话；
（6）关闭处置程序，做好相关记录。

四、油田化学实验

油田化学包括的内容众多，在有限的学时内应该学会以下一些基础实验：钻井液中膨润土含量的测量、钻井液的钙侵、碱在原油乳化中的作用、驱油用部分水解聚丙烯酰胺浓度的测定等。

1. 钻井液中膨润土含量的测定

1）实验目的
学会用亚甲基兰测定钻井液中膨润土含量的方法，并了解其测定原理。
2）实验原理
亚甲基兰是一种常见染料，分子式是 $C_{16}H_{18}N_3SCl_3 \cdot H_2O$，在水中解离出有机阳离子和氯离子。解离出的有机阳离子可以通过离子交换吸附的方式，将膨润中的补偿性阳离子替换下来。由此可以测出钻井液的阳离子交换容量，再通过计算确定钻井液中膨润土的含量。当黏土中可交换阳离子水化时，带负电荷黏土晶片便与带正电荷的染色离子结合生成兰色水不溶物，亚甲基兰褪色，只有当溶液中有游离的亚甲基兰时才会呈现绿—蓝色。
3）实验步骤及计算
（1）用不带针头的注射器准确取 1mL 钻井液放入锥形瓶中，加 10mL 蒸馏水稀释。为消除某些有机处理剂的干扰，加入 15mL 3% 的 H_2O_2 和 0.5mL 5mol 的稀 H_2SO_4，缓慢煮沸 10min，然后加水稀释至 50mL。

(2) 冷却后用 0.01mol 亚甲基兰标准溶液进行滴定。为了减少误差，每滴入 0.5mL 亚甲基兰溶液后，旋摇 30s，用搅棒转移一滴液体至普通滤纸上，观察在染色的钻井液固相斑点周围是否出现绿—蓝色圈，若无此色圈，继续滴定，重复上述操作。

(3) 若发现绿—蓝色圈时，旋摇锥形瓶 2min，再转移一滴在滤纸上，如果色圈仍不消失，表明已达到滴定终点。纪录所耗的亚甲基兰溶液的量（单位 mL），此即钻井液的阳离子交换容量 $(CEC)_m$。

4) 实验数据处理

钻井液膨润土含量 $f_c = 14.3 (CEC)_m$。

2. 钻井液钙侵后黏度的变化

1) 实验目的

了解一般分散钻井液体系遇钙侵后性能的变化规律。

2) 实验原理

(1) 钻井液受钙侵后，原来的钠基土变为钙基土，钻井液的 ζ 电位降低，扩散双电层受到压缩。黏土颗粒之间形成端—端或端—面连接方式的空间网架结构，即形成絮凝结构。钻井液反映为黏度和切力上升，滤失量增大。当钙侵到一定程度后，黏土颗粒继续相互之间形成面—面连接方式的聚结，黏土颗粒变粗，由于自身重力而发生沉降。此时黏土分散度明显降低，视黏度和切力转而显著降低，滤失量继续增大。

(2) 钻井液一旦受到钙侵，必须立即进行处理。向钻井液中加入适量分散剂（如无机的纯碱，或有机的降黏剂）。一方面能拆散由于钙离子作用而形成的絮凝结构，使钻井液处于适度的分散状态；另一方面能保护黏土颗粒使它保持适度的尺寸范围，恢复钻井液原有的流变性能和滤失造壁性能。

3) 实验步骤及数据处理

(1) 按照钻井液流变参数的测量方法，用六速旋转黏度计测量在其 600r/min 下的读数；

(2) 将读数乘以 1/2，即得钻井液的表观黏度 μ_a。

(3) 准确称取 7 组 100g 的钻井液，然后在钻井液中分别加入质量分数为 0、0.05%、0.15%、0.20%CaO、0.25%、0.30%CaO 和 0.40% 的 CaO。根据测量要求，搅拌 10min 后测其黏度的变化。

(4) 将所得数据进行计算整理，绘制出钻井液黏度随着 CaO 加量变化的曲线，并进行解释。

3. 碱在原油乳化中的作用

1) 实验目的

(1) 观察碱与原油乳化后的现象。

(2) 学会用确定使原油乳化的最佳碱浓度范围。

2) 实验原理

碱（例如 NaOH）可与原油中的酸性成分（例如环烷酸）反应，生成表面活性物质，反应式为

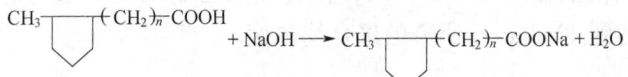

这些表面活性物质可使原油乳化形成水包油（O/W）乳状液。水包油乳状液的形成与稳定性对于碱驱和稠油乳化降黏是极其重要的。例如，碱驱中乳化—携带、乳化捕集、自发乳化等机理的发生，稠油乳化降黏中原油的乳化分散都是以水包油乳状液的形成为前提条件的。

碱的浓度是对原油乳化有重要影响。若碱浓度过低，碱与原油反应生成的活性物质较少，不利于乳状液的稳定；若碱浓度过高，一方面，碱可与原油中碳链较长的弱酸反应生成亲油的活性物质，抵消亲水活性物质的作用，不利于水包油乳状液的稳定，另一方面，过量的碱也不利于水包油乳状液的稳定，因此，碱浓度只有在合适的范围，才能使碱与原油作用形成稳定的水包油乳状液。

3）实验步骤及数据处理

（1）取 10mL 具塞刻度试管 7 支，分别加入质量分数为 0.00%、0.01%、0.05%、0.10%、0.50%、0.80%、1.00%的 NaOH 水溶液各 5mL。再用滴管分别准确地加入原油 5mL，塞上试管塞子，每只试管各上下震荡 30 次，后立即垂直放在试管架上，放入水浴中。

（2）开始计时，并每隔 3min 记录一次试管中分析出的水的体积，共记录 15min。

（3）绘制 10min 出水率与碱质量的关系曲线。

（4）找出使原油乳化的最佳碱质量分数范围，并解释曲线的变化规律。

4. 驱油用部分水解聚丙烯酰胺浓度的确定

1）实验目的

（1）了解聚丙烯酰胺溶液的增黏机理及测定方法。

（2）根据聚丙烯酰胺溶液黏度—浓度关系曲线优选出最佳的聚丙烯酰胺使用浓度。

2）实验原理

在油田注水开发过程中，油藏的非均质性和不利的水驱流度比是导致较低水驱波及效率的两个主要因素。在油藏注入流体中加入水溶性高分子聚合物，可显著提高注入流体的黏度，降低油层渗透率，改善注入流体的流度，提高水驱波及效率，最终达到提高采收率的目的。由于聚丙烯酰胺来源广、溶解性和增黏性好，能显著改善流度比、降低油藏的非均程度，因此聚丙烯酰胺已广泛应用于油田三元复合驱、聚合物驱、聚合物胶束驱以及调剖堵水在内的各种提高采收率方法中。聚合物本身的性能及其与地下岩石的相互作用是影响聚合物流度控制能力的关键因素，评价聚合物的性能是筛选驱油用聚合物的重要环节之一。

聚丙烯酰胺的主要性能包括含水率、相对分子质量、水解度、黏度、溶解速率等。地层水的矿化度、pH 值以及地层温度等因素均会影响聚合物的流度控制能力及其流变性能。

3）实验步骤及及数据处理

（1）配制聚合物溶液：按照聚合物溶液浓度为 500mg/L、1000mg/L、1500mg/L、2000mg/L 称取聚合物干粉及实验用水，用电动搅拌器配制聚合物溶液。

（2）用黏度计测量并记录不同浓度聚合物溶液的黏度。

（3）记录不同浓度聚合物溶液黏度。

（4）绘制聚合物溶液黏度—浓度曲线，拟合出聚合物黏度和浓度的计算公式，并计算出聚合物溶液黏度达到 40mPa·s 所需的聚合物浓度。

5. 堵水剂的制备与性质

1) 实验目的

(1) 学会几种堵水剂的制备方法。

(2) 掌握几种堵水剂的形成机理及其使用性质。

2) 实验原理

常用的堵水剂有冻胶型堵水剂、凝胶型堵水剂、沉淀型堵水剂等，这些堵水剂的形成机理和使用性质各不相同。

(1) 冻胶型堵水剂。

油田常用的锆冻胶是由锆的多核羟桥络离子与 HPAM 中的羧基发生交联反应而形成的。体系的 pH 值可影响多核羟桥络离子的形成及 HPAM 分子中羧基的量，因此，pH 值会影响锆冻胶的成冻时间和冻胶强度。

(2) 凝胶型堵水剂。

硅酸凝胶常用于油田的堵水作业。硅酸凝胶由硅酸溶胶转化而来，硅酸溶胶由水玻璃与盐酸等活化剂反应生成，反应式为

$$Na_2O \cdot mSiO_2 + 2HCl \longrightarrow H_2O \cdot mSiO_2 + 2NaCl$$

由于制备方法不同，可得两种硅酸溶胶，即酸性硅酸溶胶和碱性硅酸溶胶。这两种硅酸溶胶都可在一定的条件（如温度、pH 值和硅酸含量）下，在一定时间内胶凝。

评价硅酸凝胶堵水剂常用两个指标，即胶凝时间（酸体系自生成至失去流动性的时间）和凝胶强度（凝胶单位表面积上所能承受的压力）。

(3) 沉淀型堵水剂。

水玻璃—氯化钙是油田最常用的沉淀型堵水剂，它由水玻璃和氯化钙两种物质反应而生成沉淀，反应式为

$$Na_2O \cdot mSiO_2 + CaCl_2 \longrightarrow CaO_2 \cdot mSiO_2 + 2NaCl$$

3) 实验步骤及数据处理

(1) 锆冻胶堵水剂的制备与性质。取 3 个 100mL 烧杯，用量筒各加入质量分数为 0.5% 的聚丙烯酰胺水溶液 20mL，其中一个烧杯中滴加 6 滴质量分数为 1% 的盐酸，另一烧杯中滴加 7 滴质量分数为 1% 的 NaOH，搅拌均匀，用 pH 试纸测定三个烧杯中聚丙烯酰胺溶液的 pH 值，然后在搅拌的同时，向三份聚丙烯酰胺溶液中分别缓慢加入 2mL 质量分数为 0.5% 的 $ZrOCl_2$ 水溶液，观察并记录冻胶形成的现象。记录成冻时间（由于都是瞬间成冻，均记为 0）和冻胶的强度（用玻璃棒挑起程度衡量）。

(2) 硅酸凝胶堵水剂的制备与性质。取三支 10mL 具塞刻度试管，加入质量分数为 10% 的水玻璃 3mL，用滴管向三支试管中依次加入质量分数为 10% 的盐酸 20 滴、22 滴、25 滴并摇匀，观察凝胶的生成并记录胶凝时间，待三支试管中全部胶凝后用玻璃棒插入凝胶，从玻璃棒插入的难易排出三种凝胶强度的顺序。

(3) 水玻璃—氯化钙沉淀型堵水剂的制备与性质。取一支 10mL 的具塞刻度试管，加入质量分数为 10% 的水玻璃 5mL，然后用滴管逐滴加入质量分数为 10% 的氯化钙溶液，摇匀，观察硅酸钙沉淀的生成情况。

(4) 用表格形式表达实验现象与数据，并解释实验现象。

参 考 文 献

[1] 傅献彩．物理化学．北京：高等教育出版社，1999．
[2] 顾惕人，朱埗瑶，李外郎．表面化学．北京：科学出版社，1999．
[3] 陈宗淇，王光信，徐桂英．胶体与界面化学．北京：高等教育出版社，2001．
[4] 王果庭．胶体稳定性．北京：科学出版社，1990．
[5] 赵国玺，朱埗瑶．表面活性剂作用原理．北京：中国轻工业出版社，2003．
[6] 赵福麟．油田化学．青岛：中国石油大学出版社，2010．
[7] 黄汉仁，杨坤鹏，罗平亚．泥浆工艺原理．北京：石油工业出版社，1981．
[8] 张克勤，陈乐亮．钻井液工艺手册．北京：石油工业出版社，1994．
[9] 鄢捷年．钻井液工艺原理．青岛：中国石油大学出版社，2010．
[10] 孙金声．屏蔽暂堵钻井液体系降滤失剂的研制．成都：西南石油大学，2006．
[11] 范洪富，曹晓春，刘文．油田应用化学．哈尔滨：哈尔滨工业大学出版社，2003．